RÉPUBLIQUE FRANÇAISE

MINISTÈRE DE L'AGRICULTURE

ADMINISTRATION DES EAUX ET FORÊTS

EXPOSITION UNIVERSELLE INTERNATIONALE DE 1900

À PARIS

CONSTITUTION ANATOMIQUE DU BOIS

ÉTUDE

PRÉSENTÉE À LA COMMISSION DES MÉTHODES D'ESSAI

DES MATÉRIAUX DE CONSTRUCTION

PAR M. ANDRÉ THIL

INSPECTEUR DES EAUX ET FORÊTS

PARIS

IMPRIMERIE NATIONALE

MDCCCC

CONSTITUTION ANATOMIQUE DU BOIS

ÉTUDE

PRÉSENTÉE À LA COMMISSION DES MÉTHODES D'ESSAI DES MATÉRIAUX DE CONSTRUCTION

RÉPUBLIQUE FRANÇAISE

MINISTÈRE DE L'AGRICULTURE

ADMINISTRATION DES EAUX ET FORÊTS

EXPOSITION UNIVERSELLE INTERNATIONALE DE 1900

À PARIS

CONSTITUTION ANATOMIQUE DU BOIS

ÉTUDE

PRÉSENTÉE À LA COMMISSION DES MÉTHODES D'ESSAI

DES MATÉRIAUX DE CONSTRUCTION

PAR M. ANDRÉ THIL

INSPECTEUR DES EAUX ET FORÊTS

PARIS

IMPRIMERIE NATIONALE

MDCCCC

AVANT-PROPOS.

La Commission des méthodes d'essai des matériaux instituée au Ministère des travaux publics avait demandé une étude sur la constitution anatomique du bois pour compléter une série d'études de ce genre entreprise sur d'autres matières. Le rapport ci-après a été discuté et adopté dans la séance du 24 février 1900. Quelques membres de la Commission ont proposé des additions aux conclusions, qui sont indiquées par des notes ajoutées aux dernières pages de la présente publication.

M. le Conseiller d'État, Directeur des Eaux et Forêts, a obtenu de M. le Ministre des travaux publics l'autorisation de faire une deuxième édition de cette étude imprimée spécialement pour les membres de la Commission, afin de la répandre parmi les agents de son administration que ces sortes d'études peuvent intéresser. L'instruction spéciale de ces agents leur permettra de tirer parti des bases posées et au besoin de les compléter en dirigeant leurs recherches de ce côté pendant leurs moments de loisir.

CONSTITUTION ANATOMIQUE DU BOIS.

ÉTUDE

PRÉSENTÉE À LA COMMISSION DES MÉTHODES D'ESSAI DES MATÉRIAUX DE CONSTRUCTION.

INTRODUCTION.

Le bois est une agglomération de cellules agglutinées les unes aux autres par une matière extra-cellulaire qui remplit plus ou moins complètement l'intervalle intercellulaire.

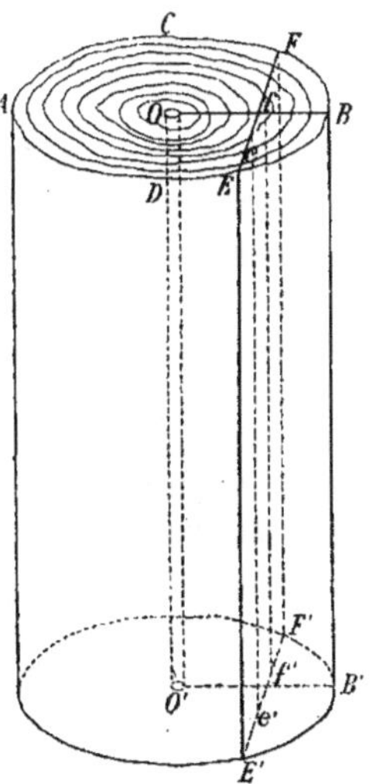

Ces cellules sont différenciées suivant les rôles physiologiques qu'elles ont à remplir. Leur distribution dans le tissu varie avec les classes, familles, genres et espèces botaniques, et elle donne des valeurs techniques différentes à chaque espèce. Il est donc intéressant de les étudier.

Si l'on veut analyser les divers éléments d'une tige ou d'un bois, il est nécessaire de l'examiner sous trois aspects distincts :

1° Une section transversale ou suivant un plan perpendiculaire à l'axe de la tige, soit ACBD ;

2° Une section tangentielle ou suivant un plan tangent à la circonférence des accroissements annuels, EE'F'F, localisée dans la partie où ce plan et la surface cylindrique sont très rapprochés l'un de l'autre *ee'f'f*;

3° Une section radiale ou suivant un plan passant par l'axe et un rayon perpendiculaire allant de l'axe à la périphérie de la tige, soit OO'B'B.

Les sections transversales et tangentielles s'obtiennent facilement dans la pratique, car une légère déviation dans la direction modifie peu les aspects; mais les sections radiales sont plus difficiles à obtenir en raison des courbes et sinuosités naturelles qui existent très souvent dans la disposition radiale des tissus. Il faut alors faire un très grand nombre de sections pour en obtenir quelques-unes qui soient bonnes pour une étude précise.

Si l'examen doit être rapidement exécuté, et si l'on possède déjà des matériaux de comparaison, les sections peuvent être préparées avec une scie très fine, dont le trait est ensuite poli avec soin au papier de verre. Si, au contraire, on peut prendre son temps, ou si l'étude est faite pour la première fois, il est nécessaire de détacher de l'échantillon, à l'aide d'un bon rabot et de préférence d'un microtome spécial, des sections microscopiques d'une épaisseur variant d'un trentième à un centième de millimètre, suivant les dimensions des éléments constitutifs du bois que l'on veut étudier.

Le premier fait qui frappe lors de l'examen de ces sections, est l'orientation double des groupes des cellules.

La *moelle*, tissu primordial de toute la tige, forme avec le *bois primaire* un faisceau central, très mince, allongé d'une extrémité à l'autre de la bille ou *tronce* à utiliser comme bois d'œuvre. Elle est l'axe physiologique autour duquel toutes les zones successives d'accroissement sont venues se placer d'une façon plus ou moins régulière, suivant les conditions diverses de nutrition ou d'élaboration de la sève par lesquelles le végétal est passé pendant son existence.

Cet axe de croissance émet perpendiculairement à lui-même des petits groupes de cellules allongées dans le même sens, appelés *rayons médullaires.* Ces rayons s'étendent de la moelle à l'intérieur de l'écorce; puis, au fur et à mesure que la tige grossit par suite de l'addition à son pourtour de nouvelles cellules, de nouveaux rayons naissent dans l'épaisseur des nouvelles couches formées, s'intercalent entre les précédents et s'étendent comme eux jusqu'à l'intérieur de l'écorce. Les rayons médullaires primordiaux étant situés sur des spirales régulières tout autour de la moelle, l'ensemble des rayons est aussi placé tout autour de la tige sur des spirales plus ou moins faciles à discerner et dont l'inclinaison par rapport à un plan perpendiculaire à la moelle varie avec les espèces.

Le tissu remplissant l'intervalle entre ces rayons est, au contraire, composé de cellules allongées parallèlement à l'axe de croissance.

Toute zone d'accroissement est donc constituée par deux systèmes de cellules plus ou moins allongées, dont les longueurs sont perpendiculaires l'une à l'autre.

Si l'on continue l'examen à l'aide du microscope, on remarque que toutes les cellules comprises dans ces deux systèmes perpendiculaires peuvent se diviser en trois sortes au point de vue technique :

1° Les *fibres* qui forment l'ossature résistante de la tige et la soutiennent, lorsque la turgescence séveuse a cessé de gonfler les tissus;

2° Les *cellules vasculaires* ou *vaisseaux* conduisant au travers du corps végétal les solutions aqueuses diverses puisées dans le sol et nécessaires pour assurer la croissance;

3° Les *cellules parenchymateuses* ou *parenchyme* servant de magasin de réserve, de local d'élaboration ou de triage pour les divers principes végétaux existant dans la plante.

Dans certaines espèces, il se produit des combinaisons deux à deux de ces trois sortes de cellules, de sorte que l'on en rencontre dans certains bois qui tiennent à la fois du parenchyme et des vaisseaux ou du parenchyme et de la fibre. Chez les conifères, il se produit une simplification du tissu dans les accroissements annuels ou *bois secondaire* postérieurs au premier accroissement ou *bois primaire;* cette simplification commence même à se produire dans ce bois primaire. Les fibres se combinent avec les vaisseaux et forment une cellule mixte caractéristique appelée *trachéide* ou *fibre aréolée.*

Cette simplification entraîne une telle modification du tissu, qu'il est bon de diviser l'étude anatomique qui va suivre en deux parties distinctes :

1° *Conifères* ou *bois résineux* appartenant à la classe botanique des *gymnospermes ;*

2° *Bois feuillus* appartenant à la classe botanique des *angiospermes dicotylédonés.*

Les espèces végétales comprises dans les autres classes botaniques ne donnent pas de bois proprement dit, c'est-à-dire une matière pouvant être sciée en planches ou équarrie en poutres de dimensions variables. Elles seront laissées de côté dans cette étude, bien que quelques-unes fournissent des matériaux de construction importants dans certaines régions, le bambou, par exemple, en Asie, et certaines tiges de palmier ou de fougère en Afrique et en Océanie.

CONIFÈRES OU GYMNOSPERMES.

Étude anatomique des cellules. — L'examen à la loupe d'une section transversale de bois résineux a un aspect muriforme caractéristique qui devient encore plus apparent au microscope. Cet aspect tient à ce que la presque totalité de ces tissus est formée de files radiales régulières de cellules de même nature et à peu près de même grosseur, lorsqu'elles sont à une même distance du bord d'un accroissement annuel. Ces cellules sont connues sous le nom de *trachéides* ou *fibres aréolées* (planche I).

De place en place, des cellules allongées radialement les unes au bout des autres courent parallèlement à ces files et s'étendent jusqu'à l'écorce; elles constituent la portion du bois nommée *rayons médullaires*.

Çà et là, suivant les espèces, on remarque soit des cellules isolées à parois plus minces (genévrier), soit des groupes de cellules (cèdre) contenant des essences et résines; dans certains genres botaniques, le centre des groupes a été résorbé ou est ouvert, laissant un petit méat plus ou moins rempli d'essence ou de résine et connu sous le nom de *canal résinifère*. Ces cellules isolées ou groupées constituent le seul parenchyme ligneux existant dans le bois secondaire.

Les accroissements annuels sont formés exclusivement par ces trois éléments; ils entourent l'axe central de la tige ou moelle et le bois primaire où l'on peut reconnaître de grandes cellules médullaires mélangées de quelques vaisseaux et entourées des premières trachéides.

Enfin le tout est aggloméré par la *matière intercellulaire* ou *conjonctive*.

Chacune de ces parties va être étudiée séparément.

Trachéides ou fibres aréolées. — La trachéide ou fibre aréolée est une cellule fusiforme allongée parallèlement à l'axe de la tige. La section transversale est plus ou moins rectangulaire ou polygonale avec les angles arrondis, quelquefois même circulaire. La section de son *lumen* est d'autant plus étroite et arrondie que la paroi est plus épaisse.

La longueur et la grosseur de ces cellules varient avec les espèces.

Les faces radiales par rapport à l'axe de croissance, et quelquefois les autres, sont garnies de ponctuations aréolées visibles au microscope sous forme de petites lentilles plus ou moins nombreuses, percées au centre d'un petit trou ou ponctuation proprement dite, ovale ou rond, qui se rétrécit et s'allonge généralement dans une direction oblique à l'axe de la trachéide et suivant une spirale, lorsque la paroi devient plus épaisse. Par suite de la transparence, les ponctuations voisines dans deux trachéides semblent alors former une croix de Saint-André.

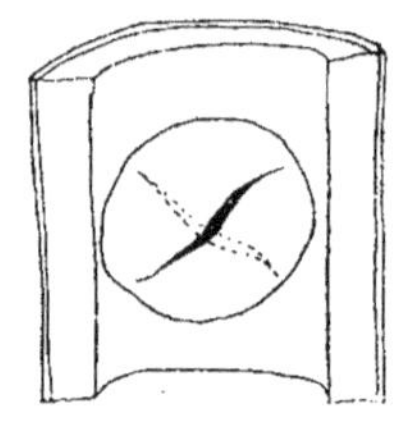

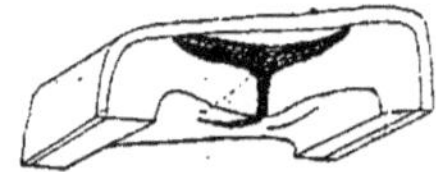

Ponctuation en croix.

Dans certaines espèces, cette ponctuation arrive même à ne former qu'une fente excessivement fine dans les trachéides dont les parois sont les plus épaisses.

La grandeur et la forme de l'aréole varient avec les espèces et peuvent permettre d'en discerner quelques-unes par suite de détails spéciaux existant dans leur structure (planche II).

Les ponctuations aréolées sont placées en face l'une de l'autre dans deux trachéides en contact; elles facilitent la circulation des liquides à travers les parois.

Lorsque la cellule est jeune, on peut encore reconnaître une paroi au milieu du vide en forme de lentille constituée par les lèvres de l'aréole; mais, dans les bois séchés pour la mise en œuvre, on ne la retrouve que très difficilement, soit qu'elle soit trop friable et se brise au moment où l'on tranche les sections minces destinées à l'étude, soit qu'elle disparaisse par suite de la dessiccation des tissus qui se produit après l'abatage de l'arbre.

L'épaisseur de la paroi des trachéides augmente plus ou moins suivant les espèces, au fur et à mesure que la période annuelle de végétation s'écoule. Si l'on suit une ligne tracée du centre à la périphérie de l'arbre, on voit donc ce fait se renouveler autant de fois qu'il y a eu de périodes de végétation. Dans certains pins et sapins, l'épaississement des parois formées à l'extrémité du bois produit pendant l'automne peut atteindre quatre, cinq et six fois l'épaisseur des parois formées au printemps; aussi distingue-t-on généralement dans les bois résineux le tissu en deux parties nommées :

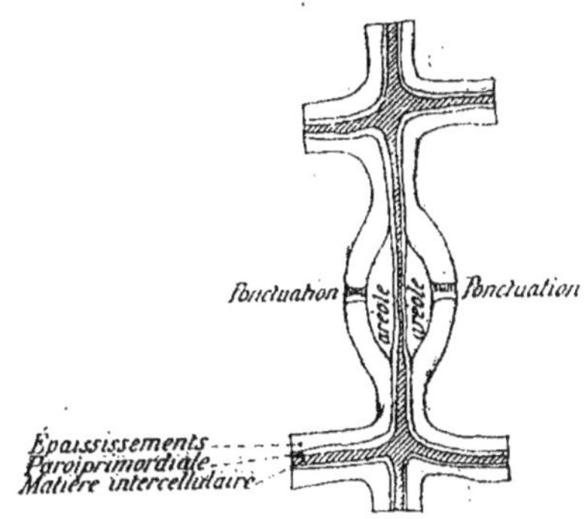

Section montrant la correspondance des ponctuations.

1° *Bois de printemps* ou tissu mou;

2° *Bois d'automne* ou tissu compact.

Cet épaississement se produit suivant les espèces plus ou moins hâtivement, plus ou moins progressivement ou lentement. Il constitue un des éléments de résistance les plus importants des bois résineux.

Dans le plus grand nombre d'espèces, l'épaississement se fait assez régulièrement, et c'est à peine si l'on remarque sur la membrane quelques ondulations obliques.

Mais, dans d'autres, il n'en est pas de même; la surface épaissie est chagrinée (genévrier thurifère), ou bien striée en spirales (mélèze des Alpes). Enfin, dans l'if, on remarque des cordons en saillie dans le lumen, dont l'épaisseur assez grande forme des spirales bien visibles et plus ou moins rapprochées les unes des autres. Ces épaississements spécifiques augmentent la force de résistance des trachéides qui sont l'élément principal de force et de ténacité des bois résineux (planches III et IV).

La section transversale des rangs extrêmes de trachéides d'un accroissement annuel est généralement aplatie dans le sens radial, et forme une zone très dense dans laquelle on voit les ponctuations aréolées quitter les faces radiales trop étroites pour les contenir et se reporter sur les faces tangentielles. Cette zone est réduite dans les genévriers à un ou deux rangs de cellules; mais, dans d'autres espèces, elle peut être plus large; elle permet en tout état de cause de reconnaître la limite des divers accroissements.

La longueur et la rectitude des trachéides est remarquable dans beaucoup de bois résineux; elles les rendent propres plus particulièrement à certains emplois spéciaux et facilitent la résistance à la compression par les forces parallèles à la moelle; elles permettent aussi de mettre en œuvre facilement beaucoup d'entre eux au moyen de la fente pour produire des douves, des lattes, des bardeaux, etc.

La grosseur des trachéides a de l'influence sur la qualité du tissu. Si elles sont grosses, le bois est dit à grain grossier, comme le sapin, le pin d'Alep; le bois de printemps, dont les cellules ont des parois peu épaissies et par suite de grands lumens, devient beaucoup plus mou que le bois d'automne; le tissu est alors des moins homogènes (planche VI).

Si, au contraire, les trachéides sont minces, comme dans certains genévriers, le bois a le grain fin et prend un bel aspect par le rabotage et le polissage; de plus, les lumens du bois de printemps sont plus petits, le tissu devient plus dense et il a une tendance à devenir plus homogène.

La résistance d'une espèce est d'autant plus grande que le bois d'automne est plus large, d'après ce qui vient d'être dit; or il se produit dans une espèce déterminée un fait qu'il importe au plus haut point de signaler, la largeur du bois d'automne varie beaucoup moins que celle du bois de printemps formé au commencement de la saison. Si donc, pour une cause quelconque, les tissus formés sur une épaisseur égale prise dans deux échantillons donnés contiennent des nombres d'accroissement différents, celui sur lequel on en comptera le plus sera aussi celui qui contiendra le plus de bois d'automne ou de parties résistantes. Il en résulte, en thèse générale, qu'un bois résineux à croissance lente est plus résistant et plus estimé que celui à croissance rapide.

Le fait est très remarquable pour l'épicéa et le mélèze qui donnent en France des qualités de bois absolument différentes, suivant qu'ils ont crû lentement dans les Alpes, ou rapidement dans les plaines basses (planche V).

Dans quelques bois résineux, on remarque dans certains accroissements annuels des zones successives complètes ou partielles de bois d'automne. Cet état de choses, que l'on peut considérer comme une exception, tient à des reprises plus actives de la végétation pendant l'été; il est occasionné par des périodes pluvieuses. Le pin maritime donne un exemple fréquent de ces zones qui sont plutôt favorables à la résistance des tissus (planche VII).

On reproche souvent aux bois résineux, en raison de ces différences dans la constitution des trachéides, leur manque d'homogénéité. Ils sont, en effet, constitués par une série d'enveloppes cylindriques élaborées chaque année par la sève, exactement appliquées les unes sur les autres et formées, parallèlement à l'axe de croissance, d'une série de trachéides dont la résistance augmente dans la proportion de leur épaississement en allant de l'intérieur à l'extérieur. Mais cette texture leur donne à la fois une rigidité et une souplesse qui les font rechercher pour la mâture et la charpente. Il ne faut pas cependant que cette différence dans l'épaississement se produise trop brusquement, ou que le bois mou de printemps soit trop large; car, alors, les couches d'automne insuffisamment soutenues s'affaisseraient sur le bois de printemps ou même s'en détacheraient, et la pièce employée se partagerait en feuillets cylindriques. Cet accident arrive souvent pour les bois résineux à croissance trop rapide.

Toutes ces enveloppes cylindriques sont traversées par les rayons médullaires, de sorte que l'on peut aussi considérer l'ensemble de toutes les trachéides comme formant des lames radiales ou secteurs s'étendant dans les tiges suivant des plans rayonnants tout autour de la tige (planche VIII). Ces secteurs sont composés, dans chaque espèce, du même nombre de trachéides; ils sont en partie contigus les uns aux autres et en partie séparés de distance en distance par les rayons qui forcent les trachéides voisines à s'incurver légèrement pour leur laisser une place suffisante; comme les rayons sont généralement étroits, la déviation est faible. La rectitude du tissu est aussi à peine modifiée par un embranchement très régulier et peu abondant, de sorte que les tiges produites sont très droites. Ce fait donne une grande valeur aux bois de pin, sapin, épicéa, mélèze, comme piles ou poteaux de soutien.

Rayons médullaires. — Après les trachéides, les rayons médullaires ou parenchyme radial sont l'élément le plus important du bois des conifères. Certains d'entre eux ne comprennent même que ces deux éléments dans le bois secondaire, ou, comme certains sapins, ne laissent apercevoir d'autres sortes de cellules qu'à la suite des recherches les plus minutieuses.

Les rayons médullaires apparaissent sur une section tangentielle comme un groupe fusiforme en général, et le plus souvent d'un seul rang de cellules à sections arrondies disposées les unes au-dessus des autres.

Ces groupes contiennent plus ou moins de cellules, suivant les espèces. Ils sont répartis à peu près également dans la tige, laissant entre eux un même nombre de trachéides (planche IX).

Ils sont disposés, comme il a déjà été dit, sur des spirales régulières tout autour de la moelle du bois primaire; lorsque l'accroissement en diamètre progresse, le nombre des trachéides augmente sur le cylindre de croissance ou *cambium* qui enveloppe la tige, et de nouveaux rayons médullaires viennent s'intercaler dans le tissu, d'où ils s'étendent jusqu'à l'écorce suivant la même direction radiale

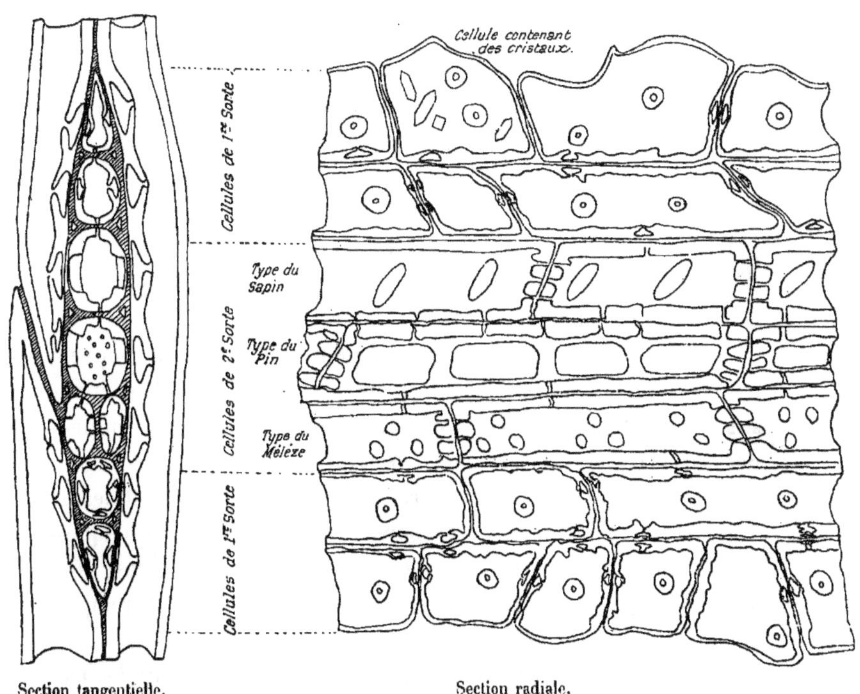

Section tangentielle. Section radiale.

TYPE DE RAYON MÉDULLAIRE (environ 300 diamètres).

que les premiers. Les nouveaux rayons médullaires venus maintiennent ainsi la même proportion entre eux et les trachéides dans les nouvelles enveloppes cylindriques engendrées successivement par le cambium.

Les cellules de ces groupes, plus ou moins allongées dans le sens radial, forment des files contiguës perpendiculaires à l'axe de croissance. Celles d'un même rang du groupe constituent ainsi une sorte de petit cylindre perpendiculaire audit axe, dans lequel l'on distingue chaque élément séparé de ses voisins par des cloisons perpendiculaires obliques ou courbes (planches IX et X).

Ces cellules peuvent être de trois natures différentes se rattachant toutes au parenchyme :

1° Les cellules extrêmes à parois minces dont la section transversale varie de l'ovale au triangle et dont les sections radiales laissent apparaître tantôt des parois parallèles dans le sens radial reliées par d'autres, perpendiculaires, obliques ou courbes, tantôt, au contraire, la section radiale proprement dite est des plus irrégulières, de manière à s'adapter le mieux possible aux sinuosités des secteurs de trachéides qui s'écartent pour laisser la place nécessaire au développement du rayon médullaire.

Les parois sont garnies de très petites ponctuations souvent aréolées, surtout dans les contacts avec les trachéides; leur épaississement est toujours faible et très irrégulier. Le lumen contient des cristaux et des concrétions diverses.

Dans quelques espèces, on rencontre des rangs de cellules de ce genre intercalés au milieu des suivantes, ou simplement quelques-unes d'elles interposées dans une file; dans ce dernier cas, elles deviennent presque cubiques, et la totalité de la cavité est remplie par une concrétion ou un cristal.

Cette première sorte constitue quelquefois à elle seule les très petits rayons hauts de 1 à 4 ou 5 cellules; elle peut aussi ne pas exister dans certains groupes ou espèces ;

2° La plus grande partie des rayons médullaires est composée par des cellules appelées par les botanistes *cellules à amidon;* leurs parois sont minces aussi, mais cependant un peu plus épaisses que celles des précédentes; cette épaisseur, contrairement à ce qui arrive pour les trachéides, varie peu ou pas d'une extrémité de l'accroissement à l'autre. Leurs sections transversales sont ovales, rondes ou rectangulaires, arrondies aux angles; leurs sections radiales laissent apercevoir deux parois parallèles reliées par des parois perpendiculaires obliques ou quelquefois courbes. La course de ces cellules entre les trachéides est droite, quelquefois un peu sinueuse ou ondulée, et même, dans certains genres, assez fortement déviée par les canaux résinifères.

Les ponctuations des contacts réciproques de ces cellules sont petites, et l'épaississement est un peu augmenté autour d'elles; celles des faces latérales touchant aux trachéides sont, au contraire, beaucoup plus grandes, couvrent parfois tout le contact et laissent à nu des surfaces relativement grandes de la paroi primordiale, sur lesquelles les épaississements ne viennent pas se former lors du développement du végétal. La forme de ces ponctuations varie, de plus, avec les espèces, comme on peut le voir par le schéma donné ci-dessus.

Les lumens de ces cellules ne contiennent plus d'amidon dans le bois d'œuvre, si ce n'est dans l'aubier et certaines parties où la lignification a été arrêtée par un accident quelconque. Cette matière, destinée à la nutrition des tissus en croissance, a disparu; elle peut être remplacée par des concrétions, des résines, des huiles diverses abandonnées par la sève.

Cette deuxième sorte de cellules existe toujours dans les rayons médullaires et constitue la portion la plus résistante de cette partie du tissu;

3° Enfin, dans quelques genres ou espèces, on aperçoit au milieu de certains rayons médullaires une partie faisant saillie sur les flancs d'une section transversale. Cet élargissement local est formé par un amas de cellules irrégulières dont les parois très fines, à peine ponctuées, sont souvent partiellement résorbées de manière à laisser un méat plus ou moins grand. Ces cellules et ce méat sont plus ou moins remplis de résine ou d'huiles essentielles; ils forment les *canaux résinifères* radiaux. Quelquefois les cellules de ces canaux sont complètement ou partiellement détachées les unes des autres ou du tissu voisin et flottent à l'intérieur du méat en mélange avec les résines ou les huiles produites. Cette dissociation se produit progressivement, comme on peut s'en convaincre en étudiant un canal déterminé depuis la périphérie de la tige jusqu'à la moelle.

Au point de vue de la résistance, ces cellules constituent dans le tissu une partie faible sur laquelle les affaissements ou les déchirements peuvent facilement se produire planche IX.

Les rayons médullaires ont un rôle qui peut avoir sa valeur dans les études relatives à la résistance. Ils forment des chevilles radiales perpendiculaires à l'axe de croissance, qui soutiennent d'autant mieux le tissu dans ce sens que les parois de leurs éléments sont plus solides et plus intimement adhérentes aux trachéides; cette adhérence est quelquefois augmentée par les sinuosités de leurs parois radiales. Ils s'opposent au rétrécissement radial des bois lors de la dessiccation; aussi ce rétrécissement a-t-il toujours été reconnu inférieur au retrait circonférenciel. Dans ce dernier sens, il n'existe aucun entrecroisement de cellules; on comprend donc facilement que la *cellulose* des parois, matière assez plastique, se contracte plus dans le sens AB que dans le sens AC, du moment où le rayon AC la soutient dans le même sens. Il conviendrait d'ajouter, puisque nous sommes amené à parler des rétrécissements, que, les épaississements se constituant en spirale plus ou moins allongée sur la paroi primordiale de chaque cellule, le retrait de ce tissu spiralé et élastique plus ou moins retenu à ses extrémités se fait surtout sur le diamètre de la cellule. Cette proposition est corroborée par ce fait, que le retrait du bois dans le sens de la longueur de la tige est très peu sensible.

Schéma du rétrécissement d'une fibre.

Trait plein, fibre avant la dessiccation.

Trait pointillé, fibre après la dessiccation.

Les flancs des rayons médullaires produisent quelquefois des plans de moindre résistance d'autant plus grands que le rayon a plus de hauteur ; on constate alors que le bois se fend facilement dans ce sens et d'autant mieux que ces plans se trouvent plus rapprochés les uns des autres. Ce caractère du tissu, joint à la rectitude de la trachéide dont il a été parlé plus haut, permet de fendre en lames minces et régulières le bois du sapin, de l'épicéa, du mélèze destinés à la confection des tables d'harmonie, des bardeaux, des lattes, etc.

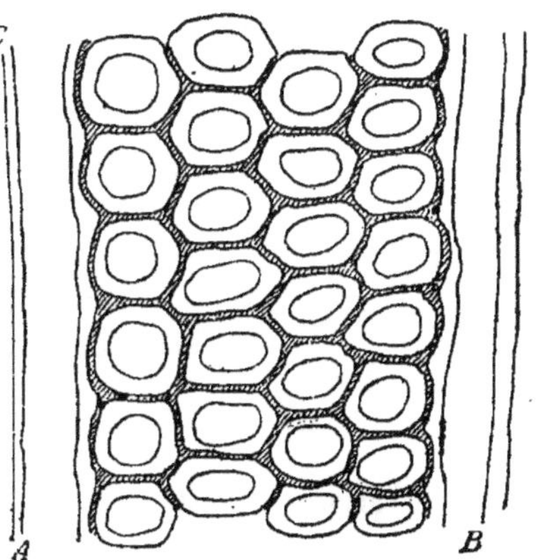

Schéma d'une section transversale soumise au retrait, lors de la dessiccation.

Les rayons médullaires séparent partiellement les secteurs de trachéides; ils dévient plus ou moins de leur direction parallèle à la moelle celles de ces cellules qui les avoisinent. A chaque rencontre, ces cellules se courbent les unes à droite, les autres à gauche, pour laisser la place au rayon, puis se rapprochent en dessous de lui. Si une force vient agir parallèlement à l'axe de croissance, ces trachéides déjà courbées sont d'autant plus disposées à se déplacer, que les cellules extrêmes des rayons médullaires sont pourvues de faibles parois faciles à comprimer. C'est pour cette raison que, dans la série d'éprouvettes à la compression en bout parallèle à l'axe de croissance que nous avons examinées au Laboratoire de l'École des ponts et chaussées, toutes les ruptures obtenues se sont produites suivant des plans obliques disposés de la façon ci-après indiquée.

Si l'on considère la section radiale de la tige B'C'B"C", le plan de rupture passe à peu près droit en BC suivant un rayon médullaire ; tandis que si l'on considère la section tangentielle A'B'A"B", la direction AB du plan de rupture est oblique, mais d'une obli-

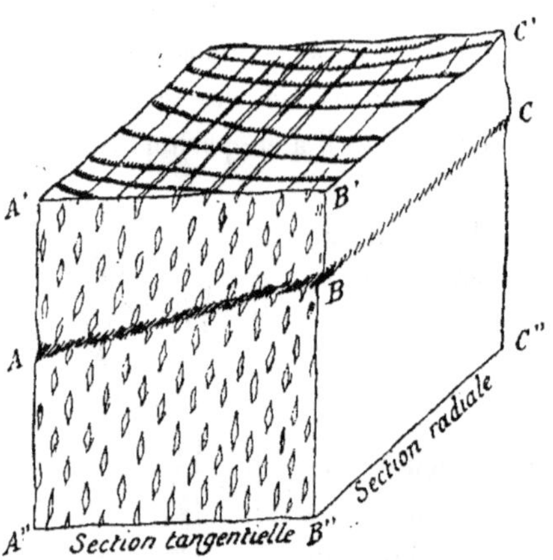

Compression parallèle à l'axe de croissance. — *Première forme de rupture.*

quité variable avec les espèces et déterminée par l'inclinaison des spirales sur lesquelles les rayons médullaires sont distribués dans la tige.

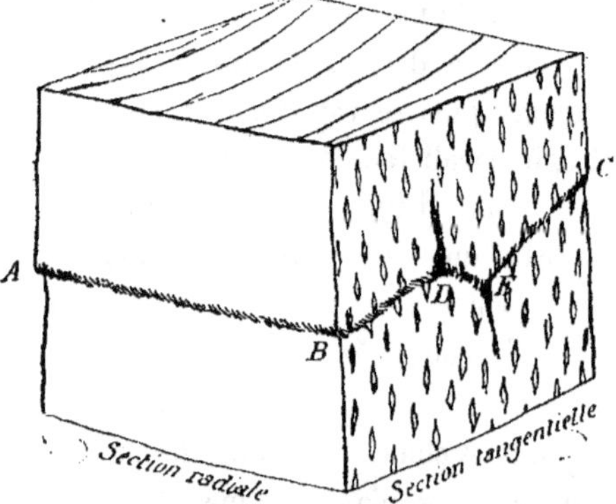

Compression parallèle à l'axe de croissance. — *Deuxième forme de rupture.*

La rupture peut se produire aussi suivant des plans inclinés, tantôt dans un sens BD, tantôt dans l'autre DE ; la rencontre des plans forme ainsi des sortes de coins qui accentuent la rupture en fendant les parties inférieures dans le sens radial. Ces plans de rupture semblent avoir une relation intime avec l'inclinaison des spirales sur lesquelles les rayons sont disposés tout autour de la moelle.

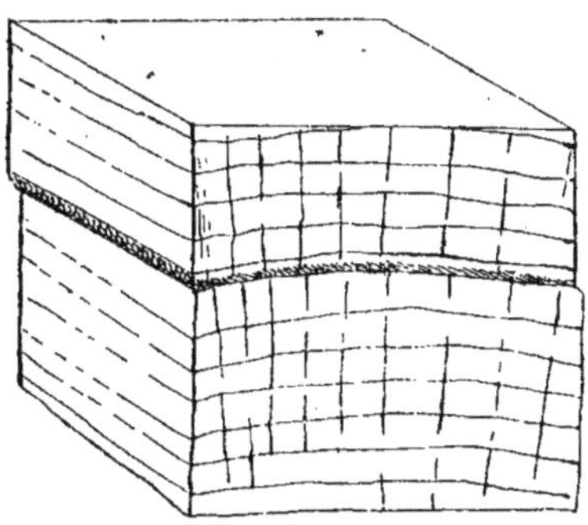

Compression perpendiculaire à l'axe de croissance. — *Forme de rupture.*

Si la force agit perpendiculairement à la direction de l'axe de croissance, on ne constate plus de brisure oblique, mais un simple affaissement du bois d'automne sur le tissu du bois de printemps le plus large ou le plus faible; les rayons à cellules peu épaissies ne sont pas assez résistants pour soutenir la charge et s'affaissent avec le tissu voisin.

Parenchyme ligneux. — Si l'on examine avec soin les diverses sections de certains arbres résineux, on y remarque des cellules à paroi plus mince mélangées aux trachéides et allongées comme elles parallèlement à la moelle. Ces cellules sont dépourvues de ponctuations aréolées; leurs ponctuations sont simples ou même manquent totalement dans certaines parties.

Leurs extrémités ne sont plus fusiformes, leur longueur est moins grande que celle de leurs voisines. Elles forment parallèlement à la moelle des files longitudinales, dans lesquelles elles sont séparées les unes des autres par des parois perpendiculaires le plus souvent, quelquefois obliques à la direction de la file; ces parois sont pourvues de nombreuses ponctuations simples. Ces cellules portent le nom de parenchyme ligneux vertical, et plus spécialement dans cette classe de végétaux, de *cellules résinifères* (planches III et X), en raison des dépôts de térébenthine et de résine qu'elles renferment; elles sont très rares dans certaines espèces, comme le sapin pectiné où elles sont localisées et dispersées sur la limite des accroissements annuels, mais elles deviennent plus nombreuses dans les genévriers où elles sont localisées et dispersées dans la partie moyenne ou vers le bord externe de l'accroissement annuel. Dans le sapin pinsapo ou le cèdre, elles se rapprochent en groupes de hauteur variable, très allongés dans le sens de la périphérie de la tige et très irrégulièrement dispersés sur la limite des accroissements (planche XI).

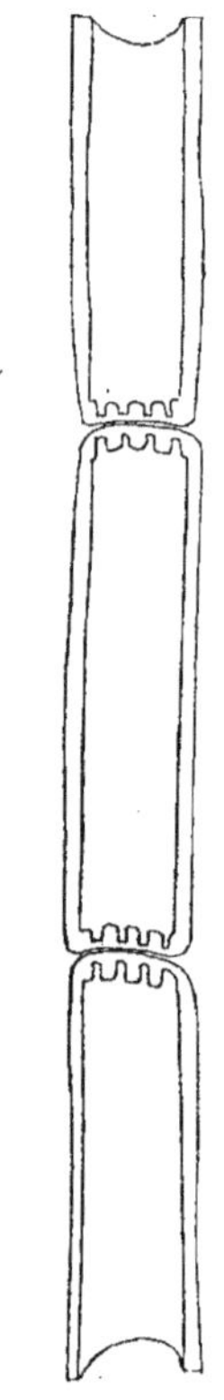

Genévrier thurifère.

Cellules résinifères (300 diamètres).

Chez les pins, les épicéas, les mélèzes, elles sont réunies en petits groupes arrondis ou irréguliers plus ou moins nombreux et disséminés d'ordinaire dans la zone moyenne ou dans le bois d'automne. Ces groupes s'étendent parallèlement à la moelle sur une grande hauteur; pour cette raison, ils ont reçu le nom de canaux résinifères, justifié encore par le métal central plus ou moins rempli de résine et de térébenthine que l'on y aperçoit (planche XI).

Les cellules de ces groupes sont plus ou moins différenciées suivant les espèces. Celles du pourtour ont conservé leurs formes, puis elles se compriment de plus en plus sous l'action de la pression venant du méat gonflé de résine et d'huiles essentielles ou autres. Elles ont des sections transversales ovales ou polygonales arrondies. Les sections longitudinales montrent deux parois parallèles, reliées par d'autres obliques, droites ou courbes. Ces formes s'écrasent dans le voisinage du méat, et les parois perpendiculaires à la direction du canal sont alors froissées ou repliées à l'intérieur du lumen. Souvent les parois des cellules bordant ce méat sont partiellement résorbées, quelquefois elles ont complètement disparu ou sont dissociées et flottent dans le

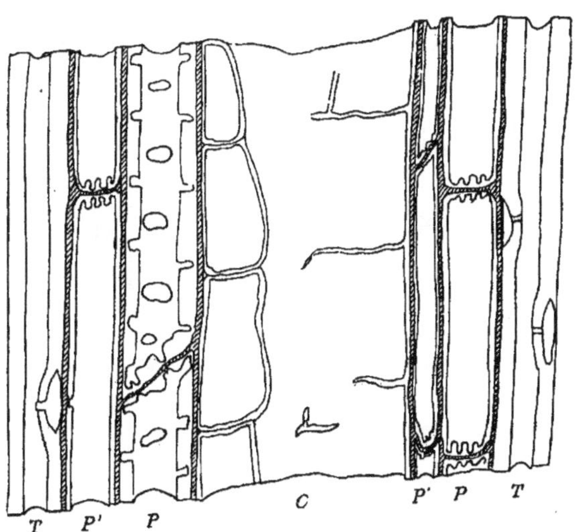

Pin maritime. Canal résinifère, section longitudinale (environ 350 diamètres).

C, méat du canal avec restes de cellules résorbées. — P', parenchyme criblé. — P, parenchyme résinifère. — T, trachéides.

canal. Les parois qui subsistent et forment le pourtour du méat, sont parsemées dans certaines espèces de petites ampoules irrégulières contenant des résines et des huiles. Ces ampoules sont percées d'un petit trou, de sorte qu'elles rappellent les ponctuations aréolées, mais elles en diffèrent par l'excentricité constante de la position de ce petit trou.

Dans les derniers accroissements formés à la périphérie de la tige, le canal ou les cellules ponctuées qui l'entourent, contiennent des résines et des huiles, mais les cellules lisses renferment des cristaux et divers autres produits rappelant ainsi les cellules extrêmes des rayons médullaires. Peu à peu ces dernières cellules sont envahies par la résine, qui, de là, passe même quelquefois dans les trachéides voisines.

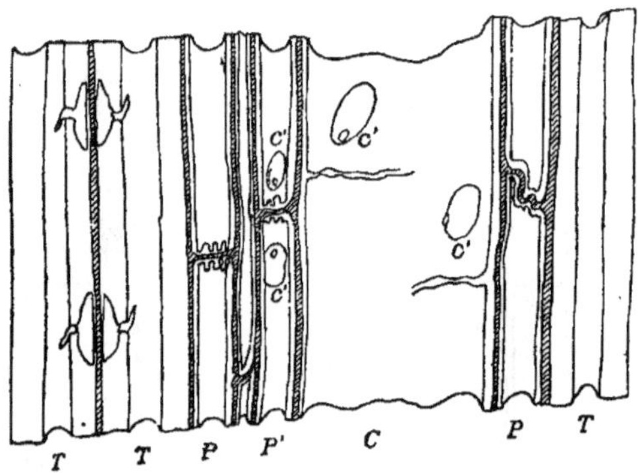

PIN SYLVESTRE. Canal résinifère, section longitudinale (environ 350 diamètres).

C, méat du canal, avec restes de cellules. — C', ampoules résinifères. — P, parenchyme criblé. — T, trachéides. — P', parenchyme résinifère.

Les canaux et les cellules résinifères n'apportent aucune force au bois; elles sont plutôt un élément local de faiblesse; mais ils ont un rôle spécial sur la qualité du tissu que l'on étudiera ultérieurement.

Moelle. — La moelle est un tissu lâche et mou composé de cellules irrégulières, qui ont à peu près les mêmes dimensions dans tous les sens. Elles sont polygonales ou arrondies, laissant le plus souvent de grands méats entre leurs angles. Leurs parois sont très minces et garnies de quelques ponctuations arrondies, dispersées sur toutes leurs faces en contact les unes avec les autres.

Ce tissu a un rôle physiologique limité à la période d'allongement de la tige et de ses rameaux. Il n'existe qu'au centre du premier accroissement de toutes les tiges et de tous les rameaux. Il y constitue un cylindre de forme et dimensions variables suivant les espèces et presque toujours de diamètre proportionnel à la grosseur des bourgeons terminaux. Ainsi le pin maritime, qui a de gros bourgeons terminaux, a une grosse moelle. Elle est beaucoup plus réduite dans les genévriers pourvus de très petits bourgeons. Sous le rapport du volume, ce cylindre médullaire est toujours relativement très faible et négligeable dans les bois d'œuvre.

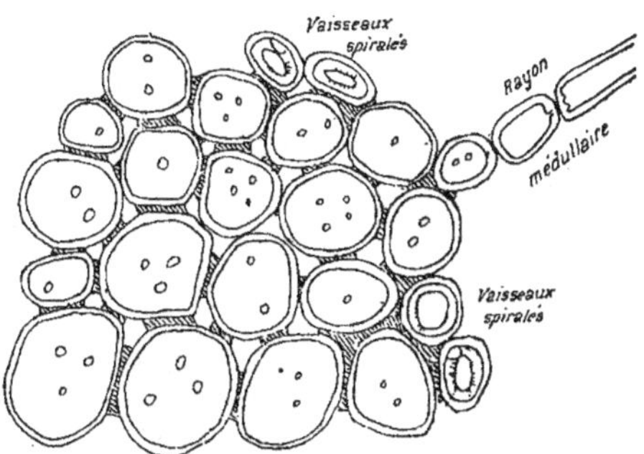

Tissu médullaire (environ 200 diamètres).

Dans les conifères, les seuls vaisseaux bien caractérisés qui existent dans la tige sont localisés à la périphérie de la moelle; ils sont spiralés ou annelés; quelquefois même on en rencontre quelques autres scalariformes ou ponctués, formés après l'allongement définitif de la tige ou branche.

Le vaisseau spiralé, dont nous donnerons la représentation à l'occasion des bois feuillus, est formé d'une file de cellules parallèles à l'axe de croissance, dont les parois perpendiculaires à cet axe se résorbent, et à l'intérieur desquelles les parois développent des épaississements intimement reliés les uns aux autres en forme de spirale. Ces spirales se tendent et s'allongent comme un vrai ressort à boudin pour suivre l'allongement des jeunes tissus et les soutenir pendant qu'ils ne sont maintenus que par la turgescence de la sève, et avant que les premières trachéides soient venues former tout autour de la moelle l'ossature solide ou bois de la tige.

La moelle émet les rayons médullaires placés en spirale tout autour d'elle; leur nombre et l'inclinaison des spirales varient avec les espèces, comme il a été dit.

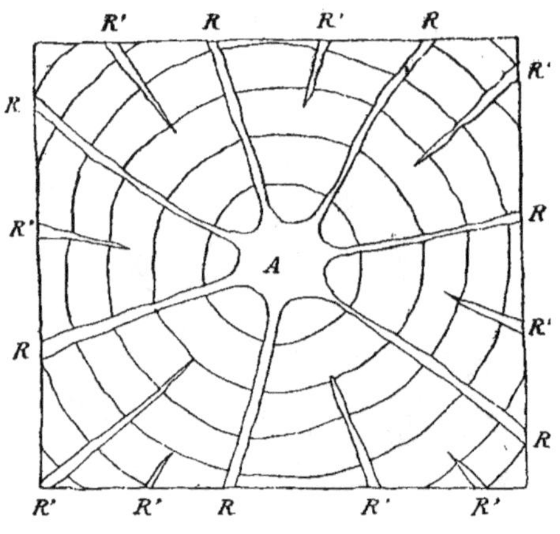

Moelle et rayons médullaires.

A, moelle. — R, rayons primaires. — R', rayons intercalaires.

Le plus souvent, on rencontre dans la moelle quelques cellules ou canaux résinifères; dans certaines espèces, ces cellules ou canaux peuvent même être localisés dans cette partie et ne se retrouvent plus dans le reste du tissu.

La moelle constitue avec les tissus formés autour d'elle pendant la première année de croissance le bois dit « primaire », bien différent dans les conifères du bois dit « secondaire » formé les années suivantes, puisque seul, comme on vient de le voir, il renferme des vaisseaux.

La moelle n'a aucune résistance; le cylindre formé par elle s'affaisse et s'écrase sous le moindre effort, comme on peut le constater en la pressant avec une petite tige de même diamètre qu'elle.

Le retrait du tissu lors de dessiccation consécutive à l'abatage déchire la moelle et souvent produit des fentes longitudinales qui prennent facilement naissance dans les rayons médullaires qui l'environnent.

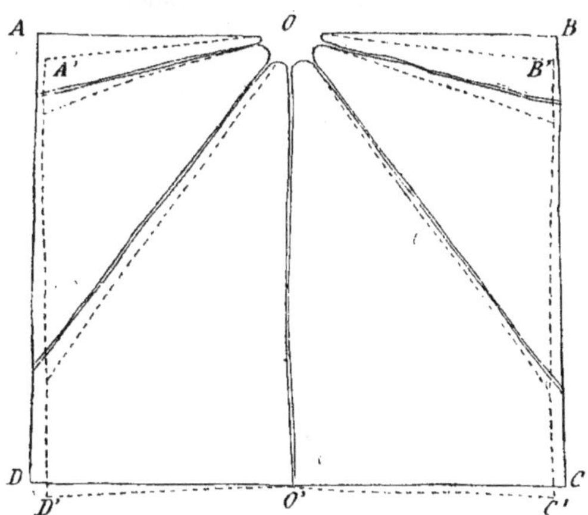

ABCD, bois taillé en rectangle au moment de l'abatage (trait plein).
A'OB'C'O'D', bois déformé par la dessiccation (trait pointillé).

C'est pour cela que, dans les constructions soignées, cette partie du bois est enlevée, ou tout au moins divisée par un trait de scie; on évite ainsi la production des fentes centrales, puisque le retrait circonférentiel de chaque accroissement peut se faire plus librement. La section prend alors la forme ci-dessus, et l'on dit que le bois *tire à cœur,* parce que le retrait forme un angle saillant sur la face située du côté de la moelle ou cœur des praticiens et un angle rentrant du côté opposé.

Ces angles sont d'autant plus prononcés que le retrait, par suite de dessiccation, est plus considérable dans le sens circonférentiel.

Si donc on veut donner à une pièce mise en œuvre une forme qui ne soit pas modifiée par la dessiccation, il convient de n'employer que du bois sec. Si l'on veut avoir des pièces étroites, comme les planches, qui ne se voilent pas, il faut les débiter dans la tige, parallèlement à deux rayons, autant que la grosseur de la bille à scier le permet. Ce débit est incontestablement le meilleur à cet égard, mais, pour les résineux, il a l'inconvénient de produire des bois d'aspect monotone; le bois d'automne des accroissements annuels successifs apparaît sous forme de longues lignes de nuance foncée, parallèles les unes aux autres et striant la face vue dans

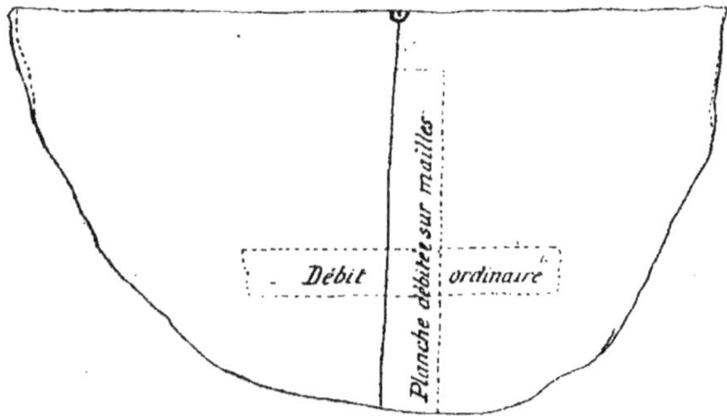

toute sa longueur. Cette raison lui fait préférer, souvent pour les parties vues, le bois débité comme à l'ordinaire, par des traits parallèles à un diamètre. Ces traits, en raison de la forme non absolument circulaire des accroissements annuels, les sectionnent de diverses manières, et les zones de bois d'automne produisent des sortes de marbrure du plus joli effet sur la face vue, comme on peut s'en convaincre en examinant des panneaux construits en cèdre, pitchpin, pin de Riga, sapin, etc. (planche XLIII).

Matière intercellulaire. — Tous les éléments du tissu ligneux que nous venons de passer en revue successivement sont agglomérés par une matière intercellulaire ou conjonctive d'épaisseur variable, suivant les espèces botaniques et quelquefois pour la même espèce, suivant la nature des cellules réunies. Certains botanistes nient l'existence de cette matière et ne la considèrent que comme l'enveloppe primordiale des cellules. Quelle que soit son origine, elle agit, au point de vue technique, comme une matière conjonctive bien distincte de l'enveloppe même des cellules.

Ce fait ressort de l'examen des pièces de bois usées ou brisées de diverses manières.

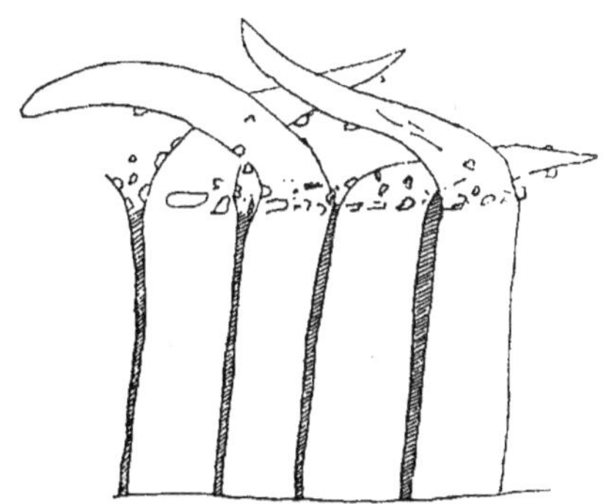

Extrémités des fibres dissociées par le roulement des voitures.

Si l'on étudie au microscope la partie supérieure d'un pavé de bois de pin maritime usé sur la voie publique, on y remarque un feutre de trachéides mises à nu par le roulement des voitures; les extrémités libres ne contiennent que quelques traces de la matière intercellulaire qui a été broyée, puis entraînée sous forme de poussière par le vent ou les lavages.

Sur la limite du bois non attaqué et de la partie feutrée, on voit la paroi des trachéides se détacher petit à petit du bloc par suite du broyage successif des portions de la matière conjonctive qui y adhère.

Dans les fractures par compression, les trachéides du plan de rupture tiennent encore par leurs extrémités dans le bois non brisé, et, dans le plan de rupture, les cellules isolées les unes des autres sont couchées et affaissées par suite de l'émiettement de la matière intercellulaire encore plus ou moins adhérente aux parois froissées sur le plan de rupture.

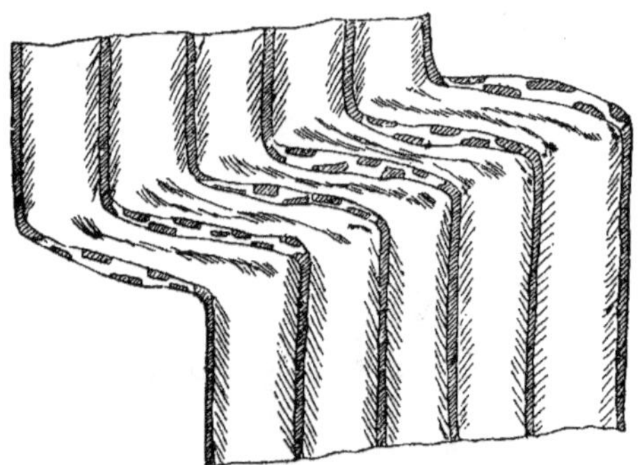

Rupture par compression.

Enfin, si nous examinons de grandes éprouvettes soumises à la traction jusqu'à la rupture, nous remarquons que la brisure produit de longues esquilles limitées par les plans de moindre résistance déjà signalés (flancs des rayons médullaires et bois de prin-

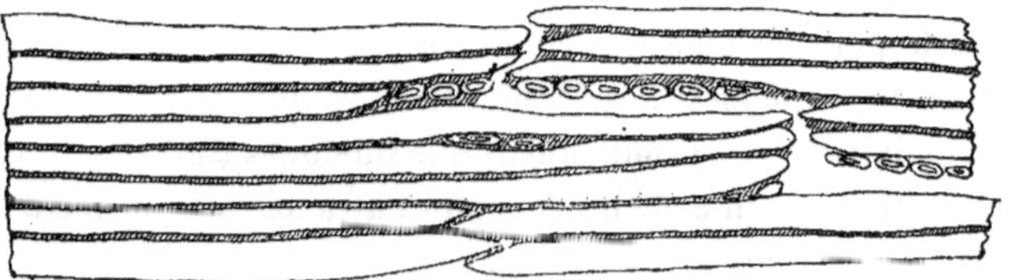

Rupture par traction.

temps), de telle sorte que les deux parties séparées peuvent se réemboîter facilement l'une dans l'autre. Sur ces plans, la brisure a lieu encore dans la matière conjonctive qui apparaît sur les esquilles comme un vernis brisé dans son épaisseur; les cellules adhèrent complètement aux esquilles, et on n'aperçoit que rarement quelques-unes d'entre elles brisées par l'effort.

Cette matière se reconnaît plus ou moins bien au microscope suivant son abondance et son aspect variable avec les espèces; son

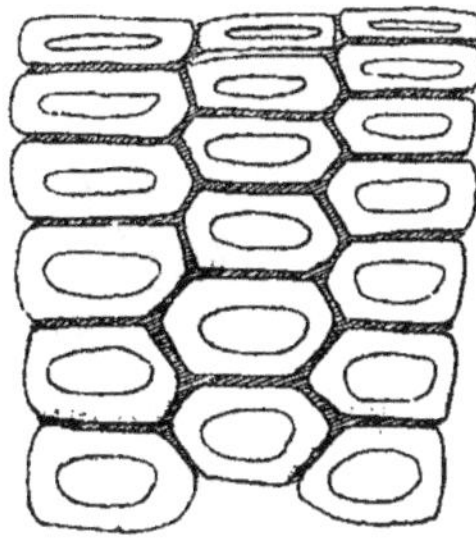

Tissu de pin sans méats.

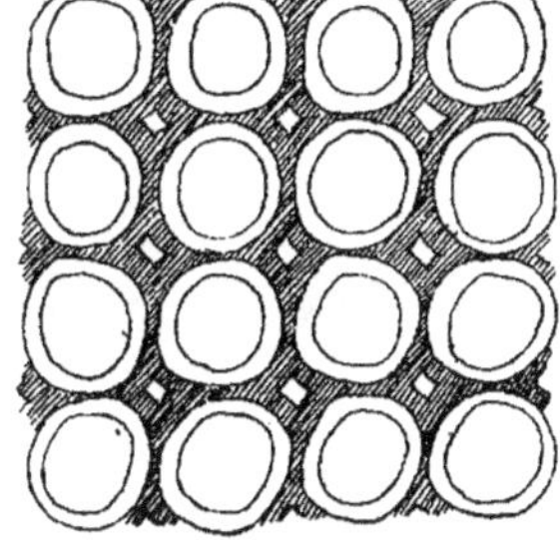

Tissu avec méats des araucarias.

existence est souvent rendue plus apparente par une coloration spéciale et différente de celle des autres parties du tissu. Elle ne remplit pas toujours intégralement les intervalles existant entre les cellules de diverses natures ou même de semblables sortes; elle semble n'avoir qu'une épaisseur déterminée et spécifique autour d'une paroi cellulaire donnée, et, s'il existe des angles plus grands par suite d'une forme plus arrondie, on aperçoit des petits vides nommés méats intercellulaires.

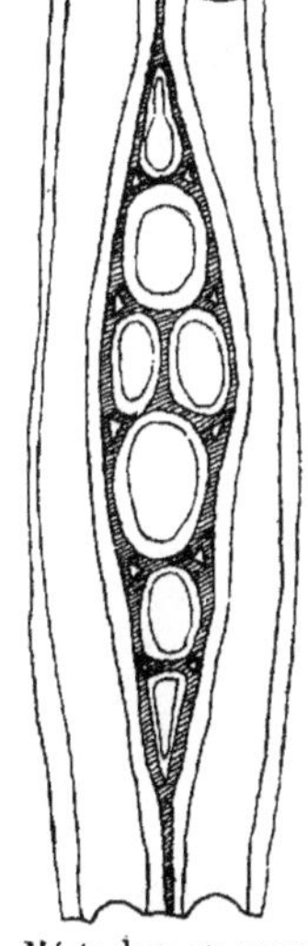

Méats dans un rayon médullaire.

Des méats de ce genre existent dans le bois des araucarias, dans l'espace existant entre les trachéides à section transversale ronde de cette famille. Le pin d'Alep, chez lequel la matière intercellulaire verdâtre est abondante entre des trachéides arrondies aux angles, possède aussi de très petits méats dans ces mêmes angles.

Ils sont beaucoup plus fréquents autour et dans les rayons médullaires composés de cellules ovales en contact avec les trachéides qui forment des secteurs perpendiculaires à la direction des rayons.

Si l'on examine à de très forts grossissements ces méats, ils ont la forme ci-contre; les angles sont arrondis, comme si cette matière était, dans le principe, une matière sirupeuse ou gluante.

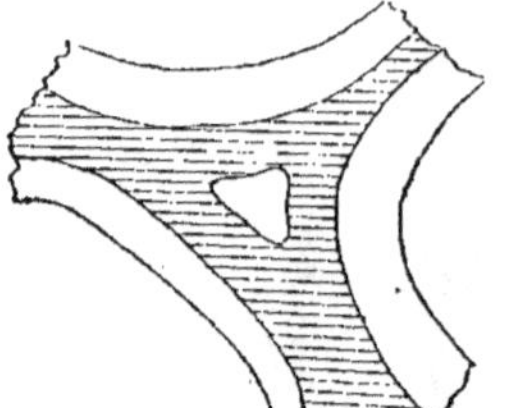

Forme d'un méat.

Les cellules adhèrent généralement intimement à cette matière, qui semble avoir été produite autour de la cellule pendant son développement; on observe cependant quelques décollements partiels sous certains plissements de la paroi, produits par une cause quelconque (croissance exagérée ou retrait après la dessiccation).

La nature même de cette matière est différente de celles des parois; si cette dernière est remarquablement souple et tenace, la première semble dans les bois mis en œuvre, tout au contraire, friable et cassante; elle se brise d'autant plus facilement qu'il y existe des méats et qu'elle est plus abondante. Ses qualités doivent donc entrer en ligne de compte dans les questions de résistance; l'infériorité du bois de pin d'Alep est surtout motivée par cet état de choses.

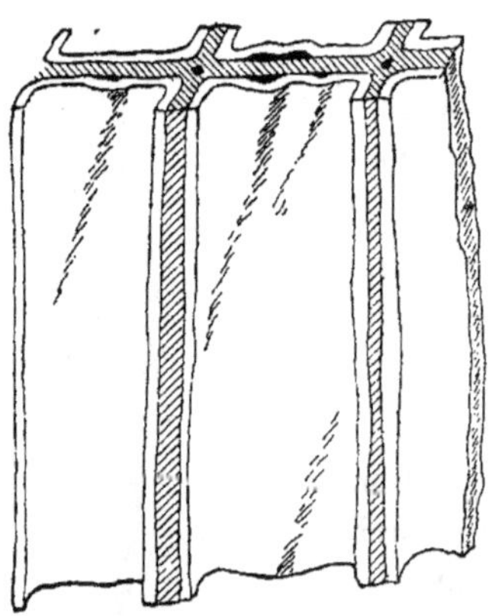

Plissement de la paroi décollée de la matière intercellulaire.

Il résulte de l'étude précédente, faite en grande partie au microscope, que l'examen anatomique peut fournir d'utiles données sur les questions relatives à la qualité des bois résineux; on peut les résumer ainsi :

Les bois résineux sans zone d'automne bien marquée, pourvus de petits rayons médullaires et dépourvus de canaux résinifères, comme l'if et les genévriers, donnent une matière ligneuse très homogène, et le plus souvent peu résistante, dont les genévriers oxycèdre et de Virginie sont les meilleurs types. La résistance de ces bois est d'autant plus petite que le diamètre des trachéides est plus grand, mais elle augmente avec l'épaisseur des parois et de leurs épaississements accessoires; l'if en est un bon exemple, puisque sa ténacité devient suffisante pour le faire rechercher par les tourneurs de moyeux de voiture et d'objets de tabletterie ou d'ébénisterie les plus délicats.

Les bois résineux à bois d'automne bien distinct fournissent une matière ligneuse d'autant moins homogène que la compacité de la zone de printemps et de la zone d'automne est plus différente; sa résistance est d'autant plus grande que les zones d'automne sont plus larges et plus nombreuses sur un diamètre donné. Les pins à cinq feuilles sont, pour cette raison, moins résistants que les pins à deux feuilles pourvus de larges zones d'automne, et les bois résineux crus en montagne sont préférés à ceux de la plaine pourvus de larges accroissements; le mélèze des Alpes, l'épicéa du même pays et les sapins de montagne sont, comme on le sait, bien plus estimés que leurs congénères de la Bourgogne ou de la Normandie.

La résistance de ces bois peu homogènes augmente comme celle des précédents avec l'épaisseur des parois des trachéides; ainsi le pin *weymouth* est moins résistant que le pin cembro, et le pin sylvestre moins résistant que le laricio et le pitchpin pour cette raison.

L'abondance de la matière intercellulaire cassante et des méats qu'on y rencontre diminue la cohésion; c'est ainsi que l'araucaria donne un bois bien inférieur à ceux des espèces voisines.

D'autres considérations interviennent pour modifier les qualités de ces bois; il en sera parlé ultérieurement après l'étude des bois feuillus, car elles influent sur tous les tissus ligneux, et il est inutile d'en parler avant d'en avoir terminé l'étude anatomique complète des cellules.

BOIS FEUILLUS

OU ANGIOSPERMES DICOTYLÉDONÉS.

Étude anatomique des cellules. — La section transversale des angiospermes dicotylédonés ou bois feuillus se distingue à première vue de celles des bois résineux. L'aspect général n'est plus régulièrement muriforme sur la coupe transversale qui apparaît semée de petits trous souvent appelés *pores* dans les descriptions techniques. Ces petits trous, de diamètre très variable, sont les lumens des vaisseaux disposés de diverses manières suivant les espèces botaniques (planche XII).

Ces vaisseaux, répandus dans toute l'épaisseur de la tige, n'existaient dans les conifères que dans le bois primaire ou premier accroissement.

Les rayons médullaires prennent, en outre, sur les différentes sections, les hauteurs et les largeurs les plus variables. Enfin, si l'on poursuit l'examen au microscope, on s'aperçoit que la texture relativement simple des conifères n'existe plus dans cette classe de végétaux; les cellules y ont les formes les plus variées, et leurs différentes sortes s'y mélangent des manières les plus diverses.

Il va être procédé à l'étude de chacune d'elles dans l'ordre suivant :

1° Fibres;

2° Vaisseaux;

3° Parenchyme ligneux;

4° Rayons médullaires ou parenchyme radial;

5° Moelle;

6° Matière intercellulaire.

Fibres. — Des fibres sont des cellules fusiformes allongées dans le sens parallèle à la moelle. Leur lumen est généralement étroit et toujours le plus étroit par rapport à ceux des autres cellules qui constituent avec elles le bois d'une espèce végétale déterminée.

L'épaisseur de la paroi varie suivant ces espèces; mais elle ne diffère que fort peu d'un bord à l'autre du même accroissement. Cet épaississement de la paroi constitue le principal élément de dureté et de compacité des bois feuillus. La fibre de tous les bois durs : chêne, olivier, amandier, teak, ébène, buis, bois de fer, est très épaissie; celle des bois tendres : peuplier, saule, a, au contraire, une paroi à peine plus épaisse que celles des autres cellules.

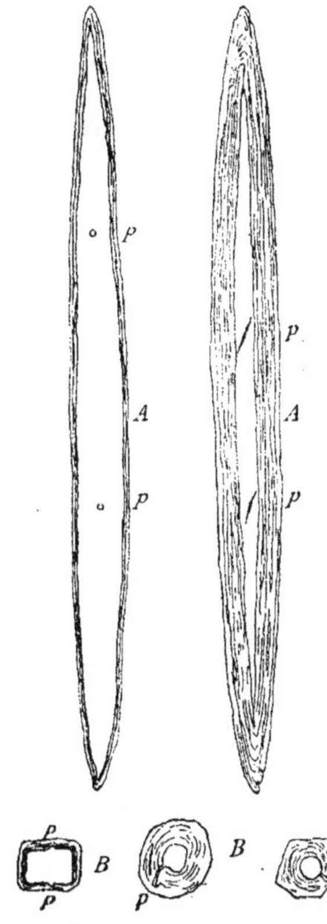

Fibres.

A, sections longitudinales. — B, sections transversales. — p, ponctuations.

La section transversale des fibres est ronde ou ovale, si les cellules voisines sont peu résistantes; mais, le plus souvent, elle est polygonale par suite de la compression des cellules environnantes et surtout de ces fibres entre elles.

La grosseur des fibres est très variable et influe beaucoup sur l'aspect et la qualité du bois.

Les plus grosses, comme celles des peupliers, des saules, produisent des bois grossiers et utilisés seulement pour les ouvrages communs; les plus fines, comme celles du cormier, de l'ébène et du buis, produisent des bois dits «à grain très fin», et susceptibles d'un beau poli. Généralement, cette grosseur n'a pas la régularité remarquée dans les conifères; on en rencontre, à côté les unes des autres, de diamètres très différents; aussi leur disposition est-elle

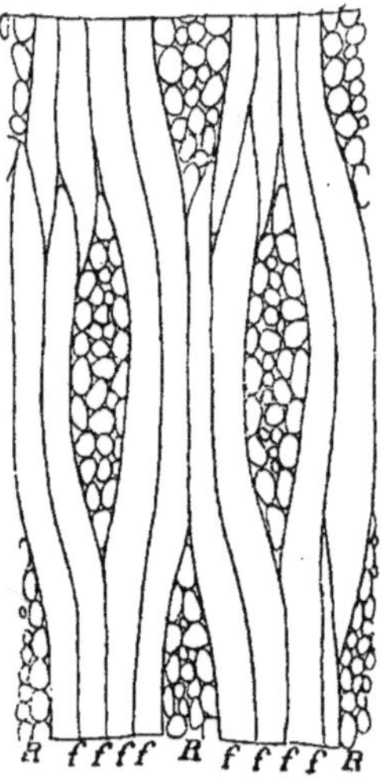

Déviation des fibres
par les rayons médullaires.
(Section tangentielle.)

f, fibres. — R, rayons médullaires.

Fibres ondulées ou madrées.

(Section tangentielle.)

des plus irrégulières sur la section transversale. Souvent on remarque quelques rangs de fibres aplaties dans le sens radial qui terminent l'accroissement annuel; dans cette partie beaucoup plus réduite que chez les conifères, la disposition devient quelquefois assez régulière et muriforme par suite de la disparition des autres éléments constitutifs des secteurs (vaisseaux et parenchyme); mais cette partie comprend à peine quelques rangs (2 à 10) circonférentiels de cellules, de sorte que le bord externe n'apparaît pas aussi nettement que dans les gymnospermes; dans tout le reste de l'accroissement, l'aspect des fibres est le même, et on a peine à distinguer dans quelques espèces la décroissance de l'épaississement si nette dans les conifères.

La longueur des fibres est aussi variable que les espèces; les plus longues constituent généralement les tissus les mieux liés et les plus résistants à la rupture. Dans les bois feuillus, en raison de la grosseur des rayons médullaires et de l'existence d'autres sortes de cellules dans les secteurs, on remarque très fréquemment que les fibres n'ont plus la rectitude constatée dans les bois résineux; elles s'enchevêtrent les unes dans les autres, ou même leurs extrémités s'incurvent, s'accrochant ainsi légèrement les unes aux autres. Ces faits modifient en plus ou en moins certaines résistances. Dans diverses circonstances anormales de croissance, les fibres forment des enchevêtrements des plus compliqués, connus dans le commerce sous le nom de bois *ondulé* ou *madré;* ces accidents de croissance sont fort recherchés par l'ébénisterie, soit qu'ils soient localisés dans les *loupes* ou *broussins*, soit qu'ils s'étendent sur une partie plus ou moins grande de la tige, parce qu'elles donnent aux faces vues un aspect très original et parfois fort élégant. Cette déviation dans la rectitude du tissu et ces enchevêtrements ont, de plus, l'avantage de s'opposer au développement des fentes de dessiccation : l'orme dit *tortillard*, très recherché par la carrosserie pour la confection des moyeux de voiture, doit tout son prix à cet état du tissu.

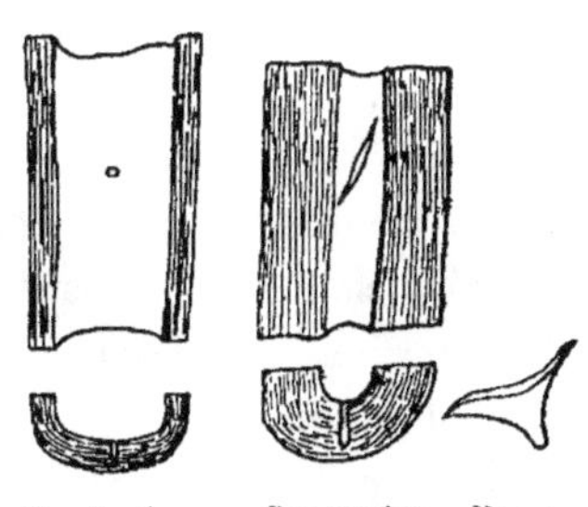

Ponctuation. PEUPLIER. Ponctuation. HÊTRE. Forme de creux.

Les ponctuations sont rares sur les parois des fibres; elles sont très petites, rondes et prennent le plus souvent la forme d'un trait oblique ou d'un stigmate, par suite de l'épaississement de la paroi qui se produit en spirales bien visibles dans certaines espèces. Cette rareté et cette constance de forme permettent de reconnaître tout de suite les fibres sur les sections longitudinales.

Si l'épaisseur, la longueur et la direction plus ou moins droite sont les éléments de résistance individuelle d'une fibre isolée, le nombre et le groupement de ces cellules ont une bien plus grande importance sur ceux du bois tout entier.

La proportion des fibres dans un tissu par rapport aux autres éléments varie à l'infini, mais elle est constante dans une espèce donnée. Cette proportion est toujours très élevée dans les bois durs; et dans un accroissement donné, les parties, où elle est le plus élevée, sont toujours les plus compactes et les plus résistantes.

Le groupement varie aussi suivant les espèces. Tantôt les fibres forment à elles seules des masses compactes entre deux rayons médullaires, séparées par un tissu formé des autres éléments, comme dans l'acacia. Tantôt ces masses sont plus ou moins séparées par des rangs de cellules, comme dans le chêne et le frêne. Ces masses, dans certains chênes, peuvent être semées de quelques rares cellules de parenchyme. Dans le hêtre, les fibres très épaisses se mélangent à tous les autres éléments en les entourant. Dans le frêne, les fibres remplissent le secteur et, au milieu d'elles, les autres éléments sont divisés en deux réseaux : l'un vasculaire, oblique ou circonférentiel plus ou moins interrompu, et l'autre parenchymateux radial et irrégulier. Enfin, dans le peuplier, les fibres très peu épaissies remplissent le vide laissé par les vaisseaux, et c'est à peine si l'on remarque au milieu d'elles quelques éléments parenchymateux.

Il est clair que ces dispositions ont une grande importance sur les questions de résistance et les modifient autant qu'il y a d'espèces botaniques.

Les gros faisceaux de fibres augmentent la rigidité et la compacité (acacia, bois de fer et jarrah), mais ils diminuent l'élasticité du tissu. La prédominance de ces faisceaux sur les autres éléments agit dans le même sens.

La dispersion des fibres au milieu des autres éléments développe la flexibilité et l'élasticité du tissu.

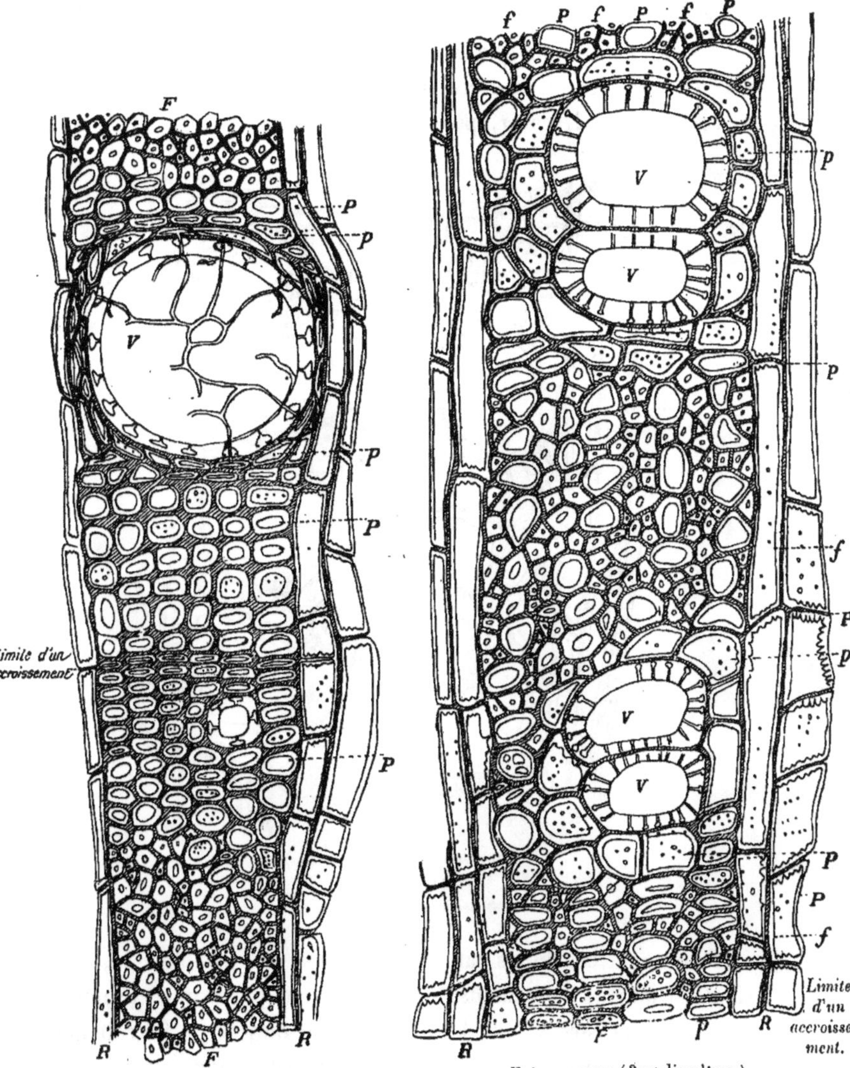

Robinier faux acacia. (300 diamètres.)
(Section transversale.)

F, faisceau de fibres. — P, faisceau de parenchyme long. — V, vaisseau avec thylles. — *p*, parenchyme court groupé autour des vaisseaux. — R, rayons médullaires.

Frêne commun. (300 diamètres.)
(Section transversale.)

f, fibres. — P, parenchyme long. — V, vaisseau. — *p*, parenchyme court. — R, rayons médullaires.

Le frêne, chez lequel le mélange des fibres et des autres éléments est plus intime que dans le chêne, est plus souple et plus élastique que lui ; il se prête beaucoup mieux à la confection des pièces courbes. L'acacia, possesseur de faisceaux très compacts

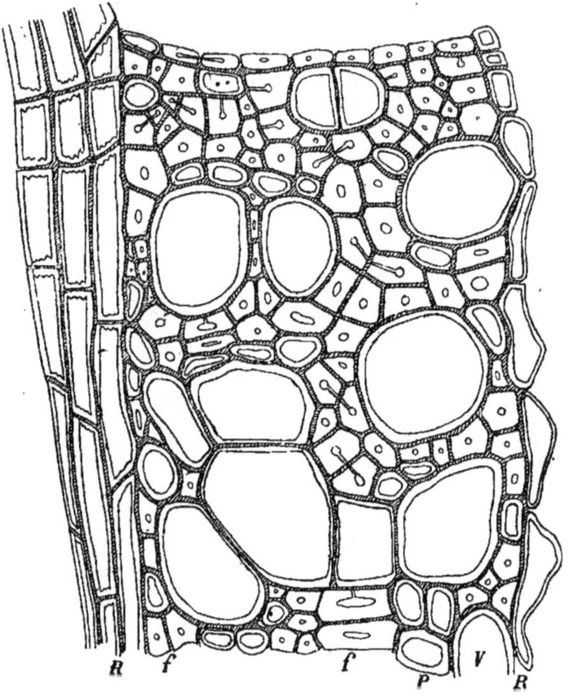

HÊTRE COMMUN. (300 diamètres.)
Bois de printemps.
(Section transversale.)

exclusivement constitués par des fibres, est très peu flexible, très rigide et fournit d'excellents rais de roue, lorsque leurs extrémités sont bien encastrées dans les jantes et le moyeu ; il fournit des pieux d'une grande résistance ; il est, pour ces usages, bien supérieur au chêne et au frêne.

Le peuplier, formé presque essentiellement de fibres à paroi mince, n'aurait plus aucune valeur si le parenchyme était plus abondant dans son tissu.

Les fibres courtes, d'épaisseur moyenne, disposées par petits faisceaux de 2 à 3 ou 4 rangs au milieu d'un réseau formé de parenchyme et de petits rayons médullaires, font du noyer la plus belle

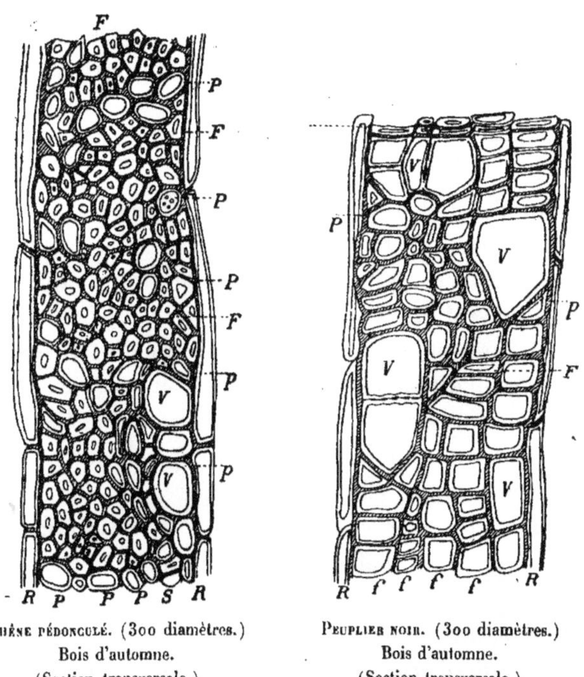

Chêne pédonculé. (300 diamètres.)
Bois d'automne.
(Section transversale.)

Peuplier noir. (300 diamètres.)
Bois d'automne.
(Section transversale.)

matière ligneuse pour la sculpture fine, l'armurerie et l'ébénisterie. Cette disposition lui permet de se rétrécir sans fendillement lors de la dessiccation et de se couper sans éclatement dans tous les sens (planche XIII).

Par ces quelques exemples, on voit combien les qualités du bois peuvent varier et combien il est utile de choisir la matière ligneuse destinée à un usage déterminé.

La répartition des fibres est variable pour certaines espèces, dans un même secteur, d'un bord à l'autre de l'accroissement. Ces cellules sont souvent moins nombreuses dans le bois formé au printemps, par suite de la prédominance dans cette partie des vaisseaux et du parenchyme. Les zones de cette nature sont très faciles à reconnaître dans le chêne (planche XIII), le châtaignier, l'orme, etc.; elles constituent une partie de plus faible résistance, *bois gras*, bois *poreux* des praticiens, à laquelle les forestiers donnent le nom de bois de printemps comme aux parties analogues du bois des conifères. On aura à revenir sur cette zone à l'occasion de l'étude des vaisseaux.

Le surplus du bois plus dur de l'accroissement prend le nom de bois d'automne.

Les derniers rangs de fibres formant le bord externe de l'accroissement ne sont pas toujours disposés circulairement autour de la tige; ils forment, suivant les espèces, des arcs concaves ou convexes, des lignes sinueuses, s'appuyant sur les rayons médullaires ou sur certains d'entre eux, les plus gros en général. Ces dispositions permettent de discerner et de spécifier certaines espèces, comme le charme, le coudrier, le hêtre, etc. Cette irrégularité peut avoir son importance dans certains cas, car les accroissements successifs se trouvent ainsi mieux liés les uns aux autres.

Vaisseaux. — Les vaisseaux sont ces grandes cellules qui pointillent de diverses manières la section transversale des bois feuillus et les caractérisent: ils sont appelés pores par les praticiens. Ces cellules juxtaposées bout à bout forment de longs canaux capillaires paraissant s'étendre dans toute la longueur de la tige de l'arbre parallèlement à l'axe de croissance.

Cette suite de cellules était fermée au début de la végétation; puis les parois perpendiculaires à l'axe de croissance se sont plus ou moins résorbées, laissant presque toujours les traces de leurs limites primitives. Ces restes forment des étranglements, des bourrelets à l'intérieur des canaux longitudinaux considérés sur une section (frêne). D'autres fois, comme dans l'aune, le hêtre, etc., la paroi n'est que partiellement résorbée, et elle forme une sorte de grille sur l'emplacement des parois primordiales.

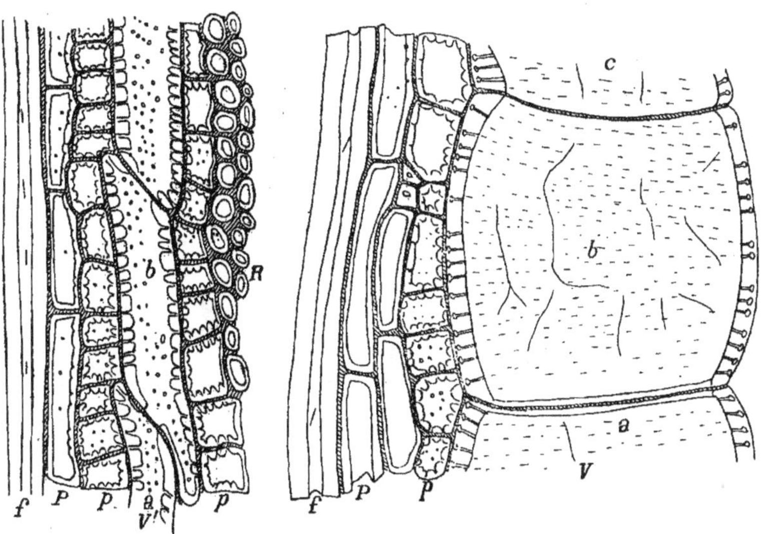

FRÊNE COMMUN, sections tangentielles. (300 diamètres.)

V, vaisseau du bois de printemps. — *a*, *b*, *c*, cellules primordiales. — V', vaisseau du bois d'automne. — *p*, parenchyme court. — P, parenchyme long. — *f*, fibres. — R, rayons médullaires.

Enfin, dans certaines espèces ou certaines parties du bois (chêne, peuplier, hêtre), la membrane séparative s'amincit seulement, ou bien se couvre de grandes et nombreuses ponctuations, et le vaisseau est dit fermé. Le plus souvent, lorsque ces deux sortes de vaisseaux existent dans le même tissu, on trouve tous les intermédiaires entre le vaisseau ouvert et le vaisseau fermé, et même entre ces derniers et le parenchyme long, de sorte qu'il est difficile de distinguer les uns des autres et de dire où les uns commencent et où les autres finissent (planche XV).

Les parois des vaisseaux sont plus ou moins garnies de ponctuations de formes et de dimensions très diverses, comme on peut s'en rendre compte par les dessins ci-dessus. Elles sont simples,

HÊTRE COMMUN. (550 diamètres.)

A, grille remplaçant la paroi de contact. — B, ponctuations de contact avec les fibres. — C, ponctuations de contact avec le parenchyme. — D, rayons, cellules de 1re sorte. — E, rayons, cellules de 2e sorte.

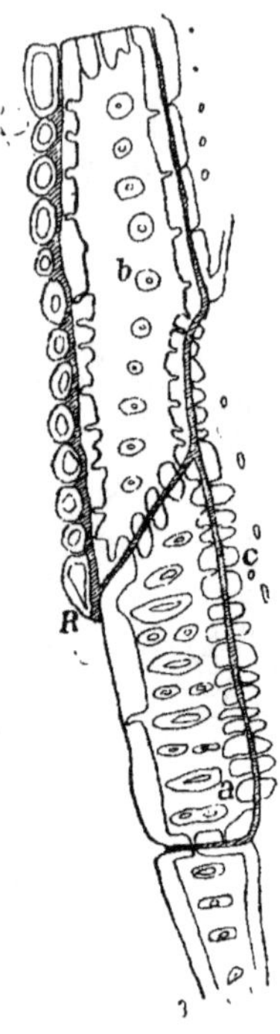

HÊTRE COMMUN. (400 diamètres.)

Vaisseau fermé du bois d'automne.

a, contact avec le parenchyme court. — b, contact avec le parenchyme long. — c, contact avec le vaisseau voisin.

rondes, ovales, en trait, aréolées, ou incrustées en cuvette. Ces formes varient aussi dans le même vaisseau avec la nature des cellules en contact. Cette variété est particulièrement curieuse dans les bois (comme le hêtre) où les cellules de natures diverses, au lieu de former des faisceaux distincts, sont mélangées les unes aux autres, de sorte que les contacts varient tout autour d'un même vaisseau (planche XV).

L'épaisseur de la paroi est variable avec les espèces; elle est le plus souvent peu considérable, inférieure ou égale à celle du parenchyme. Mais elle peut aussi être considérable, comme dans le frêne où elle dépasse celle des fibres.

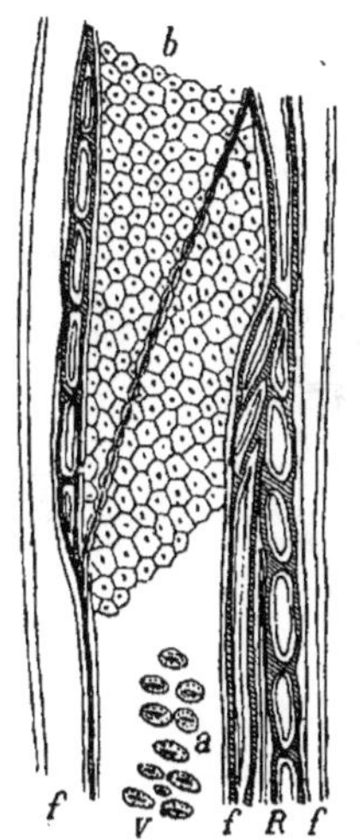

PEUPLIER NOIR. (400 diamètres.)

Vaisseau fermé.

f, fibres. — R, rayons médullaires. — *a*, ponctuations de contact avec le parenchyme. — *b*, ponctuations des parois séparatives des vaisseaux.

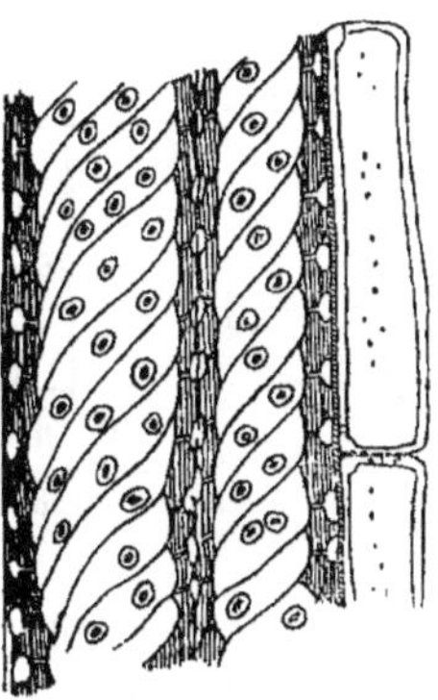

ROBINIER PSEUDO-ACACIA.

(400 diamètres.)

Vaisseau dans la partie extrême d'un accroissement annuel, épaississement spiralé.

L'épaississement est généralement régulier, mais il peut être irrégulier, chagriné, strié et même spiralé comme celui des fibres (robinier faux acacia).

L'épaississement semble se produire beaucoup moins en spirale que dans les fibres; car l'ouverture des ponctuations est le plus souvent allongée dans le sens horizontal dans les plus gros vaisseaux, ou suivant des lignes obliques très rapprochées de l'horizontale. Cette obliquité augmente souvent à mesure que les vaisseaux diminuent de diamètre ; dans quelques espèces comme l'acacia et l'orme, on voit de véritables spirales saillantes sur les sections; elles deviennent beaucoup plus manifestes dans la dernière partie de l'accroissement où l'on voit les ponctuations s'allonger dans le même sens.

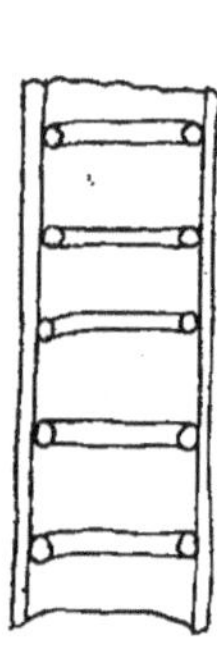

Vaisseau annelé.

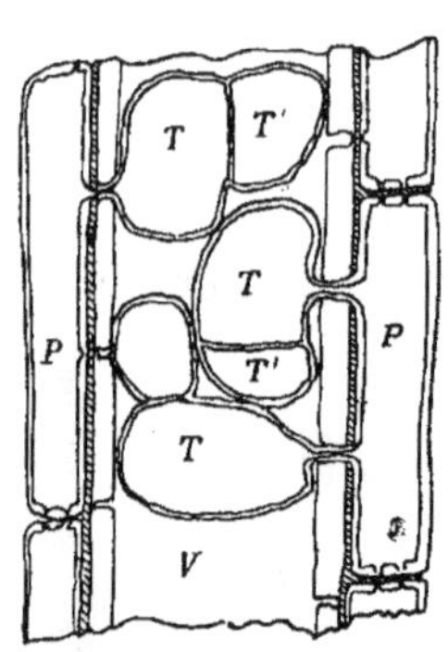

V, vaisseau. — T, thylle émise par le parenchyme P. — T', subdivision d'une thylle.

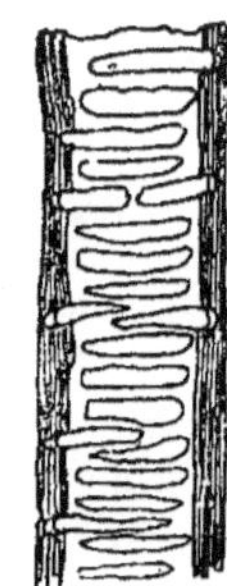

Vaisseau scalariforme.

Dans le bois primaire, ou bois qui se constitue pendant l'allongement de la tige au commencement de la formation du premier accroissement annuel, on trouve des vaisseaux de formes spéciales désignés sous le nom de vaisseaux spiralés (planche XV), annelés et scalariformes.

Ces vaisseaux sont destinés à soutenir la jeune tige avant et pendant la formation des fibres qui doivent donner de la consistance à la plante ; ils permettent à la plantule ou au rameau de se tenir droit pendant que se produit l'allongement de leurs tissus presque exclusivement composés de moelle turgescente, c'est-à-dire gonflée par la sève.

Les épaississements de ces vaisseaux en forme d'anneau ou de spirale sont, au bout de quelque temps et pour certaines espèces, indépendants de la paroi, et ils sortent en se détendant comme un ressort lorsqu'on vient à sectionner le canal vasculaire.

Si l'on étudie les vaisseaux depuis la périphérie de la tige jusqu'au centre, on remarque que, dans certaines espèces (chêne, noyer, mûrier, robinier, etc.), la cavité vide dans les accroissements les plus récents se remplit, à une certaine distance de la périphérie, de fines membranes qui la divisent de diverses façons; ces membranes portent le nom de *thylles ;* elles apparaissent dans le tissu, lorsque l'amidon commence à en disparaître, au moment même où le bois se transforme en *bois de cœur* ou *bois parfait* des praticiens. Elles ralentissent évidemment le courant des dissolutions circulant dans les vaisseaux et venant du sol ; elles sont généralement accompagnées de concrétions diverses qui se disposent à leur intérieur ou autour d'elles (planches XIII et XIV).

Ces thylles sont, d'après les botanistes, des expansions de la membrane primaire du parenchyme voisin des vaisseaux qui se gonflent en face des ponctuations, déchirent la faible paroi séparative et viennent se développer à l'intérieur de la cavité vasculaire dont la turgescence diminue avec l'âge. Ces membranes forment ainsi des poches ou pseudo-cellules qui parfois même peuvent se multiplier dans la cavité envahie en se recloisonnant comme de véritables cellules ; elles finissent alors par garnir le vide d'un réseau rappelant le tissu de la moelle.

Le diamètre des vaisseaux ou leur grosseur varie beaucoup d'une espèce botanique à l'autre : relativement très grand dans le chêne, le châtaignier, etc., il est très petit dans le buis, le rhododendron (planche XVIII). Dans la même espèce, ce diamètre peut varier beaucoup d'un bord à l'autre de l'accroissement ; ainsi, dans un échantillon de chêne pédonculé à accroissement rapide, ce diamètre peut diminuer progressivement dans la proportion de dix et même vingt à un en allant du bord interne au bord externe (planche XVI). Cette décroissance centrifuge des diamètres peut être considérée comme une loi générale chez les bois feuillus, mais elle est plus ou moins manifestement caractérisée ou régulière suivant les espèces. Dans quelques-unes, il existe, sur une petite étendue du bord interne, une décroissance centripète, de sorte que l'on remarque dans le même accroissement deux décroissances de sens contraire; ce fait permet de caractériser certaines espèces (peuplier, aune, érable, noisetier); elle semble se manifester sur les arbres dont la floraison précoce précède le feuillage (planches XX, XXIII, XXXIV et XXXVI).

Les vaisseaux peuvent être isolés comme dans les arbres fruitiers, ou rapprochés comme dans quelques chênes, ou même groupés par deux ou beaucoup plus. Ces groupes sont tantôt radiaux (érable, peuplier, aune, bouleau, etc.), tantôt plus ou moins obliques ou perpendiculaires au rayon, surtout dans le bois d'automne (orme), tantôt des plus irréguliers (légumineuses, orme, frêne). Ces groupements caractéristiques des espèces sont donc des plus variables; ils permettent de les distinguer; ils ont été utilisés par les botanistes forestiers pour procéder à des classements, ou pour la rédaction de clefs dichotomiques permettant de préciser l'espèce d'un échantillon de bois donné, sans avoir recours aux caractères floraux et foliaires généralement utilisés en pareil cas (planches XVI à XXX).

La répartition des vaissseaux dans les bois feuillus est des plus variables; la même espèce peut contenir des vaisseaux isolés et d'autres en groupes plus ou moins nombreux. Souvent ils sont plus nombreux sur le bord interne; cette abondance et l'augmentation de leur diamètre si fréquente sur ce point font qu'il existe souvent dans cette partie une zone de bois plus poreux, pour se servir de l'expression vulgaire. La diminution fréquente des fibres dans cette partie a déjà été signalée, et elle vient encore réduire les facultés de résistance du tissu en cet endroit. Cette zone ou ce bois de printemps, contrairement à ce que nous avons signalé pour les résineux, a une largeur qui varie beaucoup moins que le surplus du tissu ou bois d'automne; il en résulte que, à l'inverse de ce qui a été dit pour les résineux, les bois feuillus à croissance rapide sont plus denses que ceux crus lentement dans les mêmes conditions (planche XVI). Ce fait n'est toutefois pas aussi sensible dans toutes les espèces. Il est surtout remarquable lorsque la décroissance centrifuge est accentuée, ou lorsque le nombre des vaisseaux varie d'un bord à l'autre d'un accroissement; il est peu sensible lorsque, comme dans le hêtre, le noyer, le buis, etc., ces variations sont peu prononcées (planches XIII, XVII, XVIII, etc.).

La répartition des vaisseaux, leur topographie sur une section transversale, suivant l'expression quelquefois employée, diffère avec les genres et même les espèces; on les voit sur cette section tantôt dispersés sans ordre dans tout l'accroissement, tantôt sur certaines parties seulement; d'autres fois, ils se localisent dans certains secteurs sur des lignes radiales, ou ils courent de l'un à l'autre sur des lignes ou alignements obliques, sinueux ou courbes, tantôt inclinés dans le même sens, tantôt s'entre-croisant en réseaux des plus curieux. L'obliquité ou les sinuosités de ces alignements varient même dans l'épaisseur du même accroissement. Mais ces descriptions seraient trop longues à faire ici, il suffit de les signaler (planches XVI à XXX).

Les vaisseaux destinés à approvisionner les feuilles et bourgeons du bois primaire ont une course plus ou moins flexueuse justifiée par leur rôle dans cette partie de la tige. Mais si l'on considère simplement le bois d'une tige ou bille de bois d'œuvre, ils semblent s'étendre dans le tissu parallèlement à l'axe de croissance. Cette course n'est pas toujours aussi droite qu'on pourrait le croire. Les vaisseaux se composent d'une série de cellules primordiales qui, suivant les espèces, se trouvent plus ou moins bien placées les unes au-dessus des autres, de sorte que le canal formé peut être plus ou moins sinueux, dévié même dans certains cas par les plus gros rayons médullaires qui les obligent à s'infléchir pour passer entre eux. Lorsqu'on étudie des vaisseaux groupés, on reconnaît que le nombre et la position respective des éléments primordiaux du même vaisseau peuvent varier dans la hauteur. Enfin la direction générale peut suivre les inflexions générales constitutives ou accidentelles du tissu. [Voir les photographies ci-dessus, et entre autres celles représentant les vaisseaux du peuplier et de l'aune grossis de 430 diamètres.] (Planches XV et XXXI.)

Au point de vue de la mise en œuvre, la résistance des bois feuillus est modifiée par la grosseur, le groupement individuel, le nombre et la répartition des vaisseaux.

Les vaisseaux forment des vides, et par suite des parties faibles dans le tissu. Cette faiblesse augmente avec la grandeur du vide ou diamètre du lumen et le rapprochement de ces vides, soit que les vaisseaux se groupent individuellement, soit que leur nombre augmente.

Les bois tendres contiennent généralement beaucoup de vaisseaux de diamètre plus ou moins grand et munis de parois faibles (saule pleureur, peuplier noir). Les bois durs (buis, cornouiller, amandier, grenadier, bois de fer, liem) ont des vaisseaux petits et peu nombreux qui ne viennent diminuer que très faiblement la compacité des faisceaux fibreux.

Si la décroissance des diamètres est faible, et la répartition régulière comme dans le buis, le citronnier, le hêtre, le noyer, l'alisier, le bois est homogène et résiste également dans toutes ses parties.

Si les gros vaisseaux, ou des vaisseaux très nombreux, sont réunis en zones plus ou moins étroites, et si les petits vaisseaux s'isolent dans les zones plus compactes, comme dans le frêne, le chêne, le bois n'a plus d'homogénéité; il se rapproche en quelque sorte de la texture des conifères; il a des qualités qui peuvent le faire classer dans les bois tendres ou dans les bois durs suivant la prédominance de l'une ou l'autre desdites zones. Cette disposition contribue généralement à donner de la flexibilité au tissu; car les zones de tissu poreux facilitent la flexion des parties les plus compactes.

La faiblesse des gros vaisseaux est mise en évidence dans le pavage en bois. Elle a obligé à renoncer à l'emploi du bois de chêne pour cet usage, tandis que les bois exotiques, tels que le liem de l'Annam, le jarrah et le karri d'Australie, dont les vaisseaux sont plus étroits, résistent beaucoup mieux; nous verrons du reste plus loin que d'autres raisons viennent s'ajouter à celle-ci.

Les vaisseaux étant des tubes capillaires ouverts tout au travers du bois, ils ont une grande importance pour faciliter l'injection des produits antiseptiques dans le tissu; aussi les bois feuillus s'injectent-ils beaucoup plus facilement que les bois résineux.

Dans les questions relatives à la compression et à la traction, les vaisseaux sont des parties faibles dans lesquelles les brisures se développent d'autant plus facilement qu'ils sont composés de portions de parois juxtaposées comme des tuyaux de conduite ajoutés bout à bout. Cette paroi est de plus souvent faible, de sorte qu'elle se sépare ou se déchire facilement.

Parenchyme ligneux ou vertical. — Le parenchyme ligneux apparaît souvent à l'œil nu sur des sections transversales bien nettes sous forme de taches mates plus claires ou plus foncées que le surplus du bois; il affecte deux formes distinctes qui peuvent se rencontrer dans le même tissu. Il est formé tantôt de cellules longues, tantôt de cellules courtes, allongées parallèlement à la moelle (planche XXXII).

Le parenchyme court est généralement groupé autour des vaisseaux. Il est constitué par des cellules plus ou moins régulières prismatiques ou cylindriques, le plus souvent déformées et écrasées par la pression du vaisseau lors de son développement au début de sa croissance. Les parois de ces cellules sont minces et garnies en tous sens de petites ponctuations ovales ou rondes, toujours plus nombreuses que dans les fibres, surtout dans les parties en contact avec les vaisseaux et les rayons médullaires. Elles sont souvent épaissies et arrondies sur les bords de la ponctuation.

Le parenchyme long est composé de cellules à section longitudinale à peu près rectangulaire, à section transversale généralement ovale ou polygonale avec les angles arrondis. Tantôt les parois sont minces, mais moins que celles du parenchyme court; tantôt elles

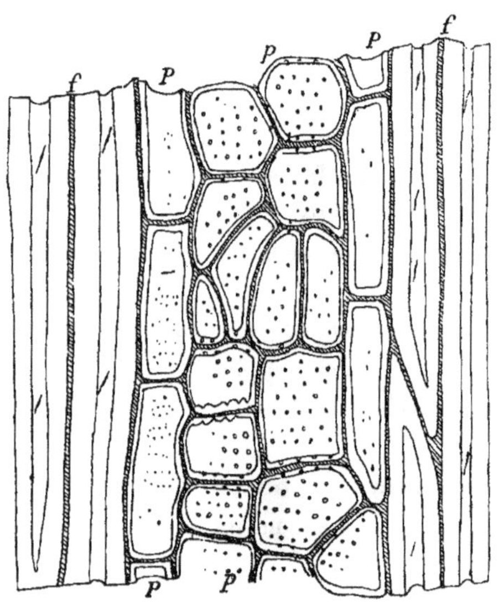

FRÊNE COMMUN. (430 diamètres.)

p, parenchyme court. — P, parenchyme long. — *f*, fibres.

sont aussi épaisses que celles des fibres dont on les distingue alors difficilement sur la section transversale. Les ponctuations sont plus petites et plus rares que celles du parenchyme court, à moins qu'il n'y ait contact avec un vaisseau ou un rayon médullaire.

Ces ponctuations varient du reste de forme avec les cellules en contact. Dans les contacts réciproques avec des cellules de même nature, elles forment souvent de petits groupes courbes ou en couronne plus ou moins complète et légèrement ovale. Elles ne paraissent pas prédisposées à s'allonger en trait comme celles des fibres et des vaisseaux. Le parenchyme long, tantôt entoure le parenchyme court groupé autour des vaisseaux, ou même le remplace, tantôt est disséminé plus ou moins régulièrement dans le tissu, comme dans le hêtre, ou suivant certains alignements spécifiques, comme dans les chênes, frênes, etc. Enfin il peut être groupé en faisceau, comme dans l'acacia, l'orme, le mûrier. Ces différentes dispositions peuvent se rencontrer dans le même tissu.

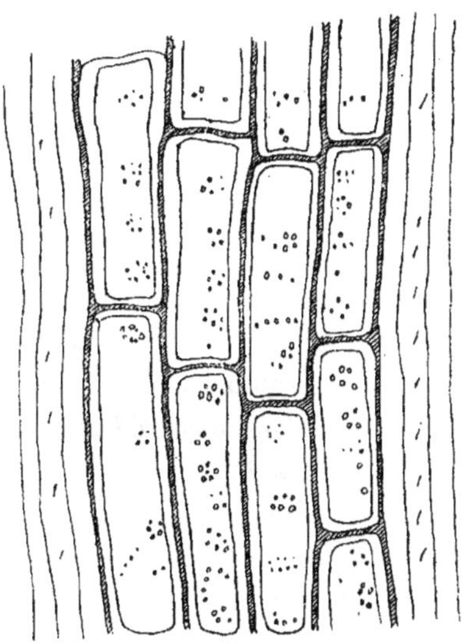

Frêne commun. (400 diamètres.)
(Section tangentielle.)
Parenchyme long.

Cellules cubiques du parenchyme long contenant des cristaux et concrétions. (400 diamètres.)

Le parenchyme forme dans la tige de longues files parallèles à la moelle, dans lesquelles les cellules sont séparées par des parois droites ou courbes à peu près perpendiculaires à l'axe de croissance. Dans ces files, il s'intercale quelquefois, dans certaines espèces, des cellules cubiques remplies par des concrétions ou des cristaux spéciaux à ces espèces.

Quelquefois on trouve dans le même tissu tous les intermédiaires entre le parenchyme court et le parenchyme long, puis entre celui-ci et les vaisseaux, de sorte qu'il est difficile de désigner la nature de certains de ces éléments.

Enfin, dans diverses espèces, le chêne, par exemple, le parenchyme long peut avoir deux formes distinctes : l'une semblable à celle qui vient d'être décrite, et l'autre formée de cellules à ponctuations aréolées. La section longitudinale de ces dernières est tantôt rectangulaire, tantôt, au contraire, mélangée de cellules triangulaires ou fusiformes, de sorte qu'elles semblent constituer un intermédiaire entre le parenchyme et les fibres; elles rappellent les trachéides des conifères.

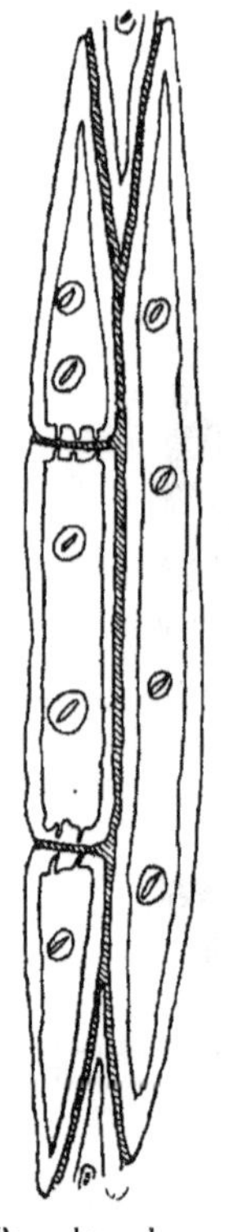

Parenchyme long aréolé des chênes. (400 diamètres.)

Elles possèdent un autre caractère qui les rapproche encore des fibres: leur épaississement semble spiralé et leurs ponctuations ont une tendance à s'allonger en trait oblique. Ces sortes de cellules sont localisées dans le chêne autour des vaisseaux; elles y sont plus abondantes dans le bois de printemps où les fibres sont rares. Comme elles sont plus épaissies que le parenchyme ordinaire, elles contribuent à donner plus de résistance à cette partie (planche XV).

Les lumens du parenchyme renferment, suivant sa nature, de l'amidon ou d'autres produits ou concrétions. Mais l'amidon disparaît dans le bois parfait pour être remplacé par d'autres matières. Nous reviendrons ultérieurement sur ce fait. Les concrétions, cristaux et matières diverses remplissent complètement, dans certaines espèces, les lumens qui, avec le temps, lorsqu'elles sont solubles ou susceptibles d'endosmose, vont se déverser dans les fibres et vaisseaux voisins. Ce sont ces matières qui colorent ou semblent colorer le parenchyme et le font apparaître parfois à l'œil nu.

Le parenchyme court est certainement la partie la plus faible dans le tissu des bois feuillus, en raison du peu d'épaisseur de ses parois repercées d'un grand nombre de ponctuations et de la forme même de ces cellules.

Le parenchyme long est plus résistant dans certains cas, lorsque ses parois s'épaississent; mais il n'atteint jamais la force des fibres.

Le parenchyme constitue en général une partie moins rigide qui a son importance lors de la dessiccation qui suit l'abatage des arbres; il permet le jeu des fibres ou des faisceaux de fibres et donne la plasticité au bois qui ne se fendille pas lors du retrait radial ou circonférentiel. Ce fait est mis en évidence dans le noyer, où cette répartition se trouve bien disposée pour suivre le retrait. Mais il est nécessaire aussi d'ajouter qu'en raison de sa moindre résistance, les fentes se forment souvent sur ce point dans certains bois.

Le parenchyme diminue aussi la compacité du bois et son abondance amoindrit les qualités de résistance à la compression ou à la traction.

Dans certains cas, le parenchyme ligneux peut constituer des canaux secréteurs rappelant ceux déjà décrits dans les conifères; mais ce fait est plutôt exceptionnel dans les bois feuillus, où les canaux de ce genre sont localisés le plus souvent dans l'écorce ou la moelle.

Ces trois éléments (fibres, vaisseaux, parenchyme ligneux vertical) qui viennent d'être étudiés, constituent à eux seuls les secteurs du bois secondaire allongés parallèlement et radialement à l'axe de croissance. Mais l'un ou l'autre de ces éléments peut manquer dans tout ou partie d'un secteur déterminé; ainsi, dans certains arbres, le chêne, le charme, le coudrier, par exemple, on rencontre de plus petits secteurs dépourvus de vaisseaux et des parenchymes courts et aréolés qui les flanquent, et l'on peut dire qu'il y a des secteurs fibreux et des secteurs fibro-vasculaires. Du reste, comme on a pu le voir dans les quelques exemples donnés, les dispositions réciproques de ces éléments sont des plus variables.

Rayons médullaires ou parenchyme radial. — Les rayons médullaires constituent le système cellulaire radial perpendiculaire à celui qui vient d'être examiné.

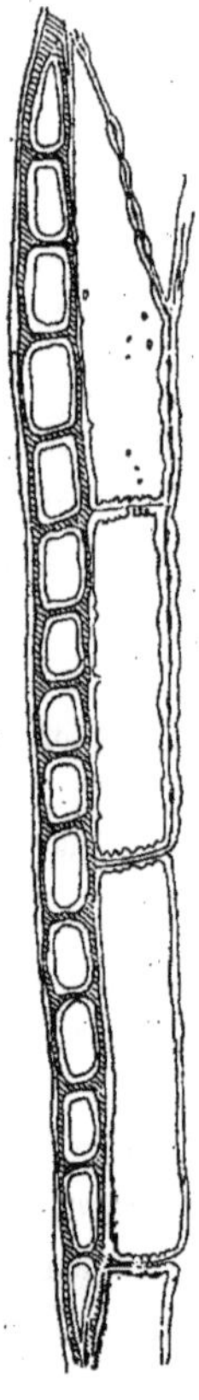

Leur forme et leur dimension varient beaucoup dans les bois feuillus, leur section transversale est généralement fusiforme, leur largeur varie, suivant les espèces, de une à plusieurs dizaines de cellules, et leur hauteur, de une à plusieurs centaines de cellules; de plus, les groupes sont composés d'un nombre variable d'éléments dans le même tissu, de sorte que souvent ils peuvent se répartir en petits et grands rayons (frêne, érable, chêne) [planches XXXIII à XXXV].

Parfois, la section transversale est traversée en écharpe par des fibres ou des files de parenchyme ligneux qui semblent ainsi subdiviser et partager les plus grands rayons; enfin, dans certaines espèces (aune, charme, coudrier), on croit remarquer de gros rayons en mélange avec les petits; mais il n'y a là qu'une illusion que le microscope fait disparaître; dans ces bois, il n'existe que des groupes de petits rayons médullaires très rapprochés, séparés par d'étroits secteurs fibreux, dépourvus de vaisseaux; ces groupes portent le nom bien impropre de faux rayons qu'il convient de remplacer par celui de rayons groupés (planche XXXV).

PEUPLIER NOIR.
(400 diamètres.)

La disposition des rayons autour de la moelle dans le bois primaire est spiralée comme dans les résineux, mais, en raison de la différence de grandeur des rayons et du mélange des uns et des autres, cette disposition est souvent moins apparente; elle le devient encore bien moins lorsque les rayons intercalaires de toutes grandeurs se sont développés dans les accroissements successifs. Lorsque l'on dépouille de leur écorce certaines tiges comme celles du hêtre commun, les rayons apparaissent disposés sur des lignes moirées et en creux ou en relief, qui ont été utilisées longtemps pour l'impression des soies.

La course radiale du rayon dans le tissu n'a plus la rectitude que l'on a remarquée dans les bois résineux, surtout si l'on considère les plus petits rayons. Les vaisseaux, et principalement les plus gros, les dévient et les obligent à les contourner. Ainsi, dans le chêne, les petits rayons assez droits dans le bois d'automne où les vaisseaux peuvent être très fins, serpentent et ondulent dans le bois de printemps entre les gros vaisseaux. Cette remarque s'applique à maints autres bois (planche XXXVI).

Dans le hêtre, on peut signaler un fait qui se reproduit dans d'autres espèces : à la limite de l'accroissement, le rayon médullaire s'élargit et forme une sorte de renflement très nettement apparent sur la section transversale (planche XXXVII). Enfin, dans certains arbres, pour des causes plus ou moins connues et parfois accidentelles ou spécifiques, les rayons, au lieu d'avoir une direction droite suivant un rayon du cylindre, forment une courbe depuis la moelle jusqu'à la périphérie de la tige. Ce fait est fréquent dans le charme dont la tige est cannelée au lieu d'être ronde, et dans la partie basse des arbres que l'on appelle vulgairement l'*empatement*, pourvue très souvent de parties saillantes qui correspondent aux racines les plus fortes et les plus nutritives.

La proportion entre le tissu des rayons médullaires et celui des secteurs est aussi des plus variables, comme on peut s'en rendre compte en examinant des photographies déjà données ci-dessus. Dans certains bois, le platane, par exemple, et le tamarix, le parenchyme radial peut occuper le 1/3 ou les 2/5 du tissu (planche XXXVII).

Cette proportion a une grande importance dans les questions de résistance, car, avec elle, la quantité de cellules parenchymateuses, c'est-à-dire de moindre résistance, diminue ou augmente au détriment des fibres, tissu de grande résistance. Ainsi le hêtre est beaucoup plus résistant que le platane formé d'éléments semblables et à peu près semblablement disposés dans les secteurs, parce que les rayons médullaires n'atteignent que la proportion de 1/6 du tissu dans le hêtre, tandis que cette proportion est plus que doublée chez le platane.

Le plus souvent, on rencontre dans les rayons médullaires les deux sortes de cellules signalées dans les conifères et formant de longues files radiales. La dimension de ces cellules, l'épaississement de leurs parois, leurs ponctuations, varient avec les genres et les espèces (planche XXXVI).

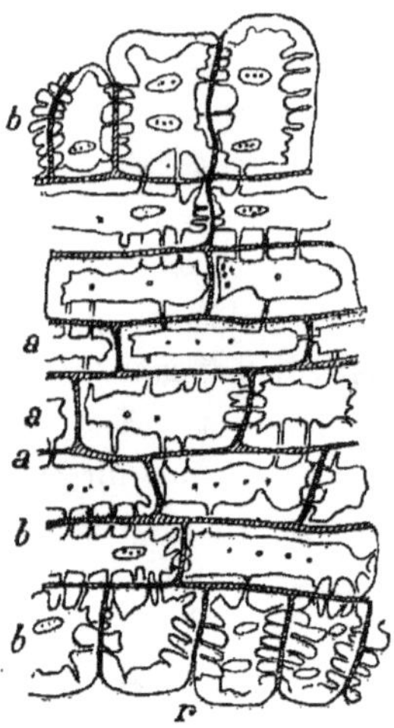

Hêtre commun. (300 diamètres.)
(Section radiale.)

r, petit rayon. — a, cellules à amidon. — b, cellules extrêmes.

Dans le même rayon médullaire, les cellules extrêmes ou à cristaux sont le plus souvent irrégulières et à paroi mince; celles du centre ou à amidon, plus régulières et à paroi plus épaisse.

Dans les rayons très épais comme dans le hêtre, il arrive souvent que les files radiales des cellules du centre ou à amidon ont une section longitudinale moins rectangulaire; elles sont ventrues, fusiformes ou présentent tous les intermédiaires entre la section rectangulaire et la section des fibres dont elles semblent se rapprocher et dont elles peuvent avoir alors à peu près la valeur dans les questions de résistance.

On rencontre aussi dans les rayons des cellules presque cubiques intercalées dans les files et remplies de concrétions ou cristaux divers. Très souvent, les lumens des autres cellules sont remplis, dans les bois mis en œuvre, de concrétions diverses qui peuvent combler complètement la cavité et faciliter ainsi la résistance à diverses actions ou forces.

Comme les sections de ces cellules sont le plus souvent ovales ou de formes arrondies, on retrouve soit sur les flancs du rayon, soit à son intérieur les petits méats intercellulaires déjà signalés chez les conifères et formant des plans de moindre résistance.

La largeur du rayon oblige le tissu voisin à s'infléchir assez fortement autour de lui; aussi le grain ou tissu des bois feuillus est, dans la plupart des cas, moins droit que celui des résineux. Cette disposition doit diminuer la résistance à la compression parallèle

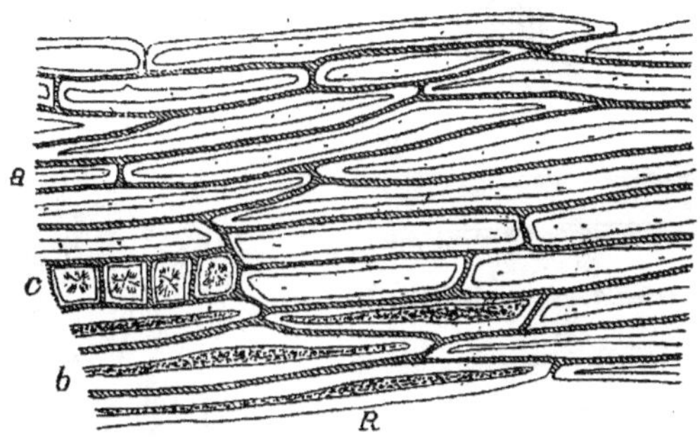

Hêtre commun. (300 diamètres.)

(Section radiale.)

B, partie d'un gros rayon. — a, cellule à amidon. — b, les mêmes remplies de concrétions diverses. — c, cellules cubiques remplies par un cristal.

aux fibres, puisque la flexion des fibres existe déjà dans le tissu; on le constate du reste dans les expériences de laboratoire, et les résineux sont reconnus pour cette raison comme de bien meilleurs poteaux de soutien que les feuillus.

Il n'en est pas de même pour la compression perpendiculaire à l'axe; les bois feuillus résistent mieux dans ce sens par suite de la plus grande résistance des rayons à cellules plus épaissies et l'absence pour quelques-uns d'entre eux d'une zone de printemps bien différente comme compacité. Le hêtre est, pour cette raison, égal ou supérieur au chêne lorsqu'on l'utilise comme traverse de chemin de fer.

Pour le pavage en bois, la grande dimension des rayons est un inconvénient, car elle présente à l'usure par le roulage des voitures

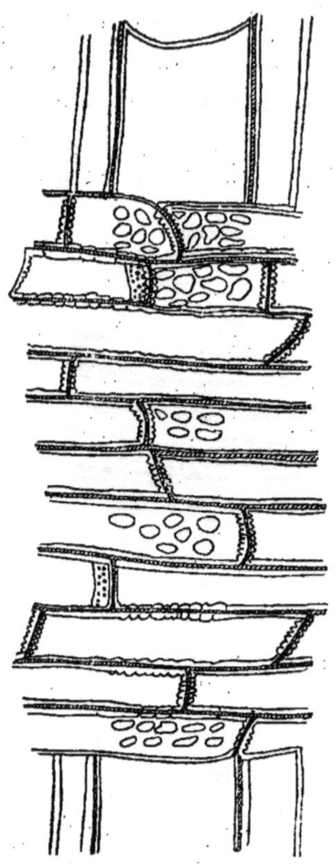

PEUPLIER NOIR. (500 diamètres.)
(Section radiale
d'un rayon médullaire.)

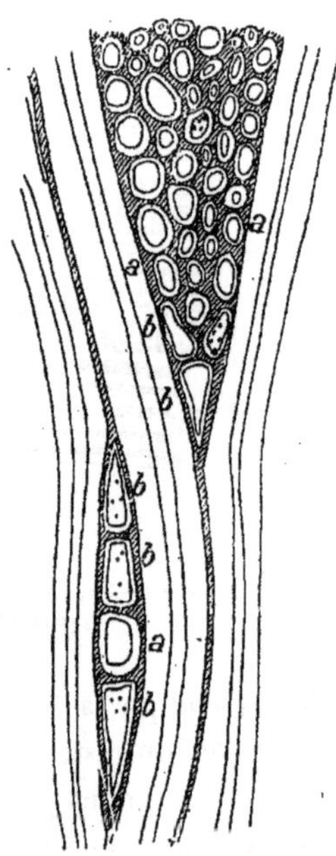

HÊTRE COMMUN. (300 diamètres.)
(Section radiale.)
a, cellules à amidon de 1re sorte.
b, cellules à cristaux de 2e sorte.

de plus grandes parties garnies de cellules tendues parallèlement à la surface de la voie, et par là même plus exposées à disparaître par suite des chocs (voir plus loin le schéma de l'usure du pavage);

ces mêmes chocs obligent les cellules voisines qui n'ont plus de soutien à s'incliner dans le vide ainsi produit, et par suite à se séparer les unes des autres.

Dans les échantillons de bois feuillus soumis à la compression et examinés au Laboratoire de l'École des ponts et chaussées, on retrouve la même surface de rupture, d'inclinaison variable par rapport aux rayons médullaires signalée pour les conifères; la même cause existant, le même effet devait être produit.

Le rayon soutient encore ici le tissu pendant le retrait consécutif à la dessiccation; la différence entre les retraits dans les trois sens existe encore, mais le retrait circonférentiel est souvent beaucoup plus considérable en raison de la présence des vaisseaux et du parenchyme dans les secteurs. Les déchirements qui se produisent dans les tissus se font presque toujours le long des rayons ou des groupes de parenchyme vertical, comme il a déjà été dit (planche XXXVIII).

Nous avons vu pour les résineux que les bois débités sur maille se déformaient moins dans les ouvrages que ceux débités tangentiellement aux accroissements. Il en est de même pour les bois feuillus; l'intérêt de ce débit est même plus grand pour ceux-ci qui tirent encore plus à cœur suivant l'expression vulgaire déjà expliquée. De plus, lorsque ces bois sont pourvus de gros rayons, ce débit a pour lui encore l'avantage de fournir une plus belle marchandise. Ces rayons forment sur la face vue des planches débitées sur maille des taches irrégulières plus ou moins grandes (appelées *mailles* par les ouvriers), soit plus claires, soit plus foncées, soit plus ternes, soit plus nacrées ou brillantes, qui ornent élégamment les ouvrages en bois de chêne, frêne, platane, etc. (planche XLIV).

Les rayons médullaires ont une influence considérable sur le débit en fente. Leur rapprochement sur des plans verticaux, leur hauteur, leur rectitude, la régularité de leurs dispositions facilitent cette opération. Ces diverses causes jointes à leur peu de largeur qui entraînent avec elles la rectitude du tissu voisin, font du châtaignier et du chêne de fort beaux bois de fente. Elles permettent aussi le débit de l'alisier en fines lames pour les éventaillistes, du coudrier en lanières minces pour les vanniers, etc. Dans ce dernier même, des plans de parenchyme vertical heureusement disposés permettent de refendre tangentiellement ces lanières en petites brindilles qui permettent de tresser les ouvrages les plus délicats.

Moelle. — La moelle forme, dans les feuillus comme dans les résineux, le centre du bois primaire. Le diamètre du cylindre médullaire varie avec les espèces; il est proportionnel à la pousse

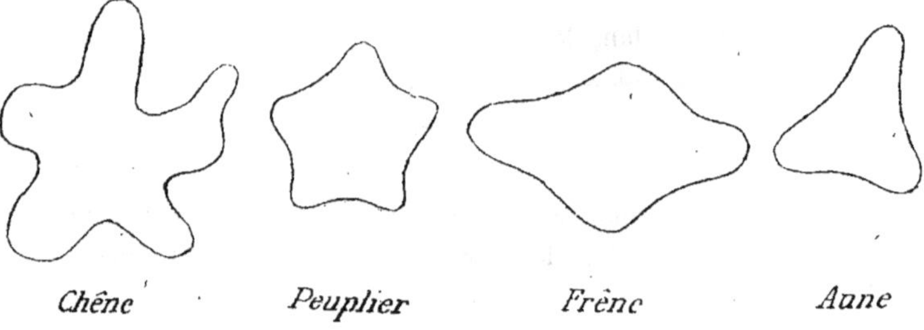

FORME DE LA MOELLE.

primaire qui sort des bourgeons, plutôt qu'à la grosseur même de ces bourgeons; ainsi la moelle du sureau est plus volumineuse que celle du marronnier d'Inde, dont le bourgeon est cependant plus gros.

Sa section varie beaucoup et permet quelquefois de distinguer une espèce d'une autre. Ainsi la moelle du chêne est en forme d'étoile, celle du peuplier est pentagonale, celle du frêne quadrangulaire, celle de l'aune triangulaire (planche XXXIX).

La direction de la moelle au centre de la tige n'est plus aussi régulière dans cette classe que dans la précédente. Ce fait provient de la croissance en hauteur qui ne s'opère pas de la même manière. Dans les conifères susceptibles de fournir du bois d'œuvre, l'allongement de la tige se produit par le bourgeon terminal placé verticalement au-dessus de celui qui a produit le rameau terminal de l'année précédente. Ces rameaux sont de plus très rigides et prennent une direction très verticale. Sauf rupture de l'un de ces rameaux par une cause fortuite, leur succession annuelle est donc

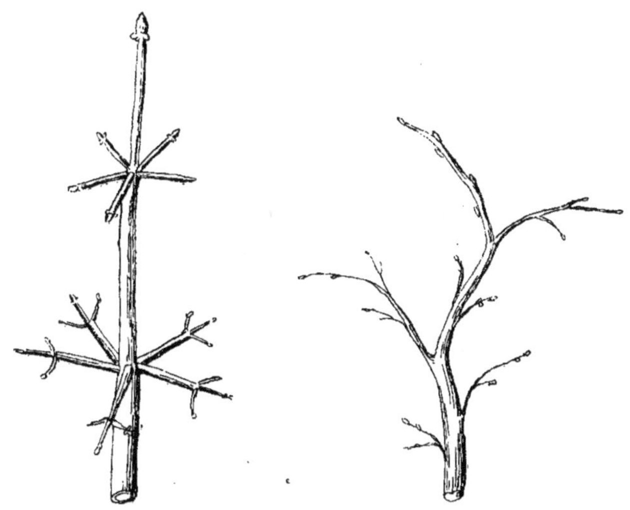

une verticale. Les rameaux latéraux ont de plus une direction presque horizontale et sont placés symétriquement en verticille; cette situation ne leur donne aucun avantage pour s'alimenter; la flèche bien éclairée et dominante attire à elle toute la sève et ne laisse pas prendre sa place par les ramifications latérales placées dans des conditions de végétation moins favorables.

Dans les bois feuillus, le rameau terminal n'est pas aussi rigide, il n'a pas une direction aussi verticale, il émet ou peut émettre un rameau à l'aisselle de chacune de ses feuilles dans une direction plus ou moins relevée; la sève s'y rend donc plus facilement; pour peu que ce rameau soit au-dessus d'une courbe et bien éclairé, il attire à lui une plus grande quantité de sève et devient dominant. Plusieurs rameaux peuvent agir ainsi, vivre de compagnie pendant plusieurs années, jusqu'au moment où l'un d'eux devient pour une cause quelconque dominant et forme définitivement le *tronc* ou *fût* proprement dit de l'arbre; mais ce fût à ce moment est, forcément, plus ou moins sinueux. L'ascension et la descente de la sève, qui ont une tendance à se faire en ligne droite, viennent ensuite corriger cet état et former un fût aussi droit que la nature de l'arbre le permet. Parmi les arbres français, le chêne établit ainsi son fût, et souvent un jeune plant ou *baliveau* crochu, abîmé par des gelées printanières, est l'origine d'un arbre à fût très droit.

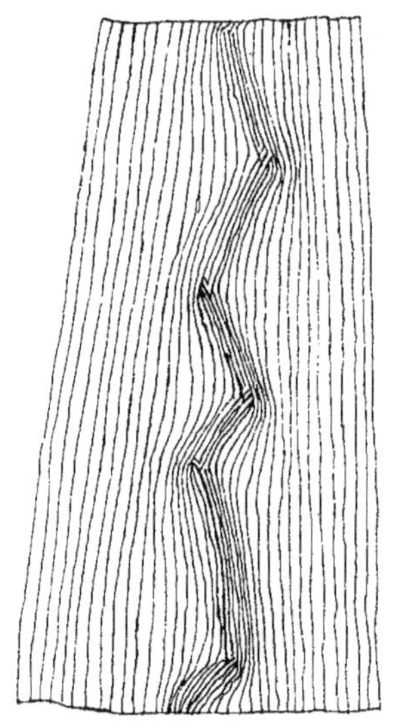

Section d'une tige sinueuse redressée par la croissance.

Bois de chêne pédonculé dans les terrains humides et sujets aux gelées printanières.

Le cœur qui renferme cette partie sinueuse voisine de la moelle doit être extrait avant d'utiliser cet arbre à un ouvrage soigné. Les conditions de résistance de cette partie tortueuse ne sont pas les mêmes que celles du surplus de la tige, et si elle est débitée en planches, la fibre se trouve coupée en tous sens par le trait de scie et ne peut être travaillée dans de bonnes conditions.

Cette moelle, dont la fonction physiologique cesse après la période de croissance en longueur des rameaux, se dessèche ou se contracte (planche XL), disparaît même parfois pendant la vie de l'arbre, laissant à l'intérieur du bois un petit canal vide, un tissu fissuré ou non par lequel les infiltrations aqueuses ou mycologiques, les invasions d'insectes se produisent facilement, lorsqu'une branche vient à se briser; or ce fait est beaucoup plus fréquent chez les bois feuillus, plus riches en branchages que les conifères. De nombreux défauts et tares sont occasionnés par cette cause.

La moelle est constituée par des cellules plus ou moins régulières, courtes, à paroi mince, garnies de ponctuations, comme dans les résineux; parfois on remarque dans certaines espèces une petite différenciation des cellules sans importance bien notable au point de vue de l'emploi des bois d'œuvre. Elle constitue avec les vaisseaux spiralés, scalariformes ou annelés et quelques fibres disposées à sa périphérie le bois primaire, autour duquel un peu de bois secondaire proprement dit vient presque toujours se former pendant la première période de croissance. Ce premier accroissement est pour cette raison toujours différent des suivants; il est moins fortement constitué qu'eux pour la résistance. Les rayons médullaires nombreux disposés en spirale tout autour de lui sont des points faibles auprès desquels les fentes se produisent et se propagent facilement lors de la dessiccation. Il convient donc de faire disparaître pour cette nouvelle raison cette partie des pièces destinées à des ouvrages soignés.

Matière intercellulaire. — La matière intercellulaire ou conjonctive existe dans les bois feuillus; on l'y reconnaît souvent sur des sections minces vues au microscope, par suite d'une différence de nuance existant entre elle et les parois des cellules voisines. Les interstices entre les cellules plus petites (vaisseaux exceptés) sont généralement très étroits, et l'épaisseur de cette matière est par suite plus faible que dans les résineux. Une conséquence de cet état de choses est la rareté des méats qui sont, pour ainsi dire, localisés sur les flancs des rayons médullaires ou dans les faisceaux de parenchyme vertical lorsqu'il en existe, et lorsque la section de ces cellules est arrondie.

La résistance de cette matière peut varier avec les espèces, mais elle garde la friabilité déjà reconnue. Cette friabilité varie peut-être même avec la nature des cellules voisines, car les faisceaux

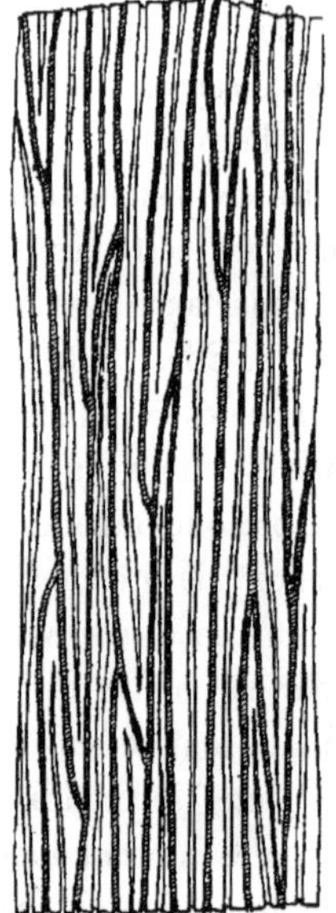

MATIÈRE INTERCELLULAIRE
dans un faisceau de fibres.
(Section tangentielle.)

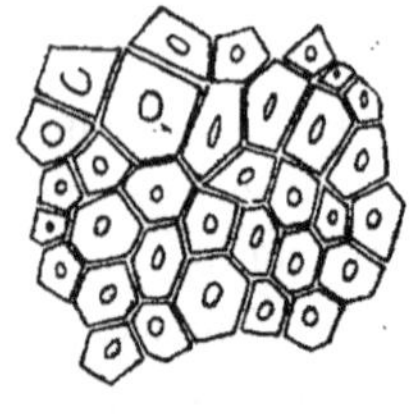

MATIÈRE INTERCELLULAIRE
dans un faisceau de fibres.
(Section transversale.)

MATIÈRE INTERCELLULAIRE
autour des vaisseaux
et parenchyme court.
(Section transversale.)

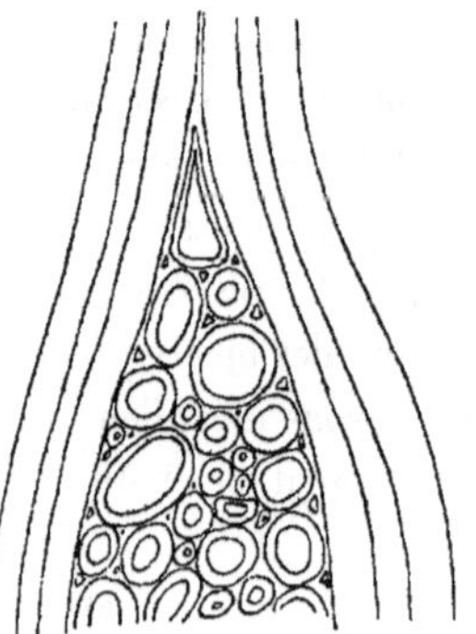

MATIÈRE INTERCELLULAIRE
dans le rayon médullaire.
(300 diamètres.)

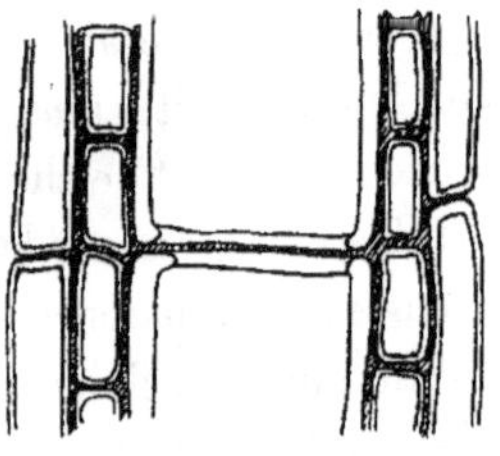

MATIÈRE INTERCELLULAIRE
autour des vaisseaux
et parenchyme.
(Section tangentielle, 300 diamètres.)

de fibres paraissent plus fortement agglutinés que les autres éléments dans certains bois. Il faut remarquer que cette résistance peut tenir à la nature même des fibres dont les parois sont fortement épaissies, et même à la façon dont leurs faces polyédriques s'appliquent les unes contre les autres; enfin, même à la disposition de leurs extrémités dans les faisceaux où elles s'entremêlent les unes aux autres sans former de plan de rupture, comme il en existe pour les autres cellules.

La matière intercellulaire agit ici de la même manière que chez les conifères, sous la pression des forces auxquelles elle est soumise.

Dans le pavage en bois, le roulement des voitures la broie, la détachant petit à petit des enveloppes cellulaires. Les premiers éléments détachés sont ceux des rayons allongés parallèlement à la surface de roulement. Le broiement se fait d'autant plus facilement qu'il existe dans le voisinage les lumens larges des vaisseaux, dans lesquels les cellules voisines peuvent se courber sous la pression des roues ou le choc des pieds des chevaux; elles peuvent s'écarter facilement du rayon médullaire dont la large surface donne une prise plus facile au choc oblique.

L'extrémité isolée des cellules se feutre ensuite à la surface dans le vide laissé par les cellules des rayons entraînés par les eaux de lavage, le vent ou l'adhérence aux jantes et aux pieds des chevaux. L'usure continuant, le parenchyme court suit, puis les articles primordiaux des vaisseaux et le parenchyme long, enfin les fibres elles-mêmes.

Dans les brisures par compression, on voit, de même que chez les conifères et pour les mêmes raisons, la rupture se produire sur un plan d'obliquité variable avec l'espèce sur la section tangentielle et suivant un rayon sur la section radiale. Mais, dans ces bois, les flancs des rayons ne sont pas les seuls points faibles; le tissu est irrégulièrement parsemé, suivant les espèces, de parenchyme et de vaisseaux plus moins gros sur lesquels la flexion peut se produire plus ou moins facilement. L'affaissement ne doit donc pas être aussi régulier que dans les résineux. L'examen microscopique permet de reconnaître que la rupture provient encore de la cassure ou du broiement de la matière intercellulaire, et l'on voit les cellules à paroi faible affaissées ou disjointes, et les fibres tenir encore les deux parties de l'éprouvette.

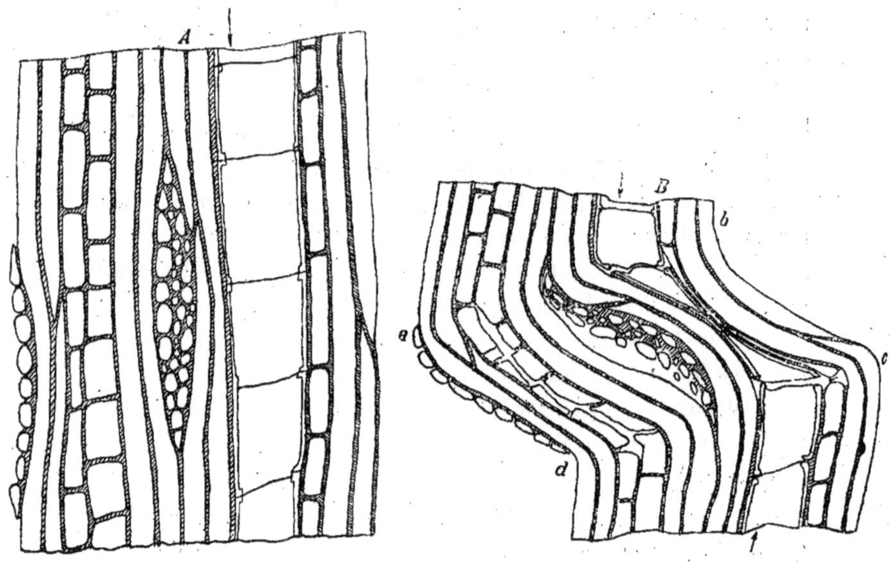

Schéma de la brisure d'une éprouvette par la compression parallèle aux fibres.

A, éprouvette intacte. — B, éprouvette affaissée. — *a*, *b*, *c*, *d*, partie dissociée.

Les ruptures par traction se font de même par longues esquilles de forme variable suivant les espèces, puisqu'au lieu de deux directions plus faibles (rayons médullaires et bois de printemps) existant dans les résineux, il existe encore dans les bois feuillus les files ou les faisceaux de parenchyme et les vaisseaux diversement distribués dans le tissu. La cassure se fait encore dans la matière intercellulaire qui apparaît brillante sur les esquilles; mais, dans certains cas, en raison des thylles et de la formation primordiale des vaisseaux,

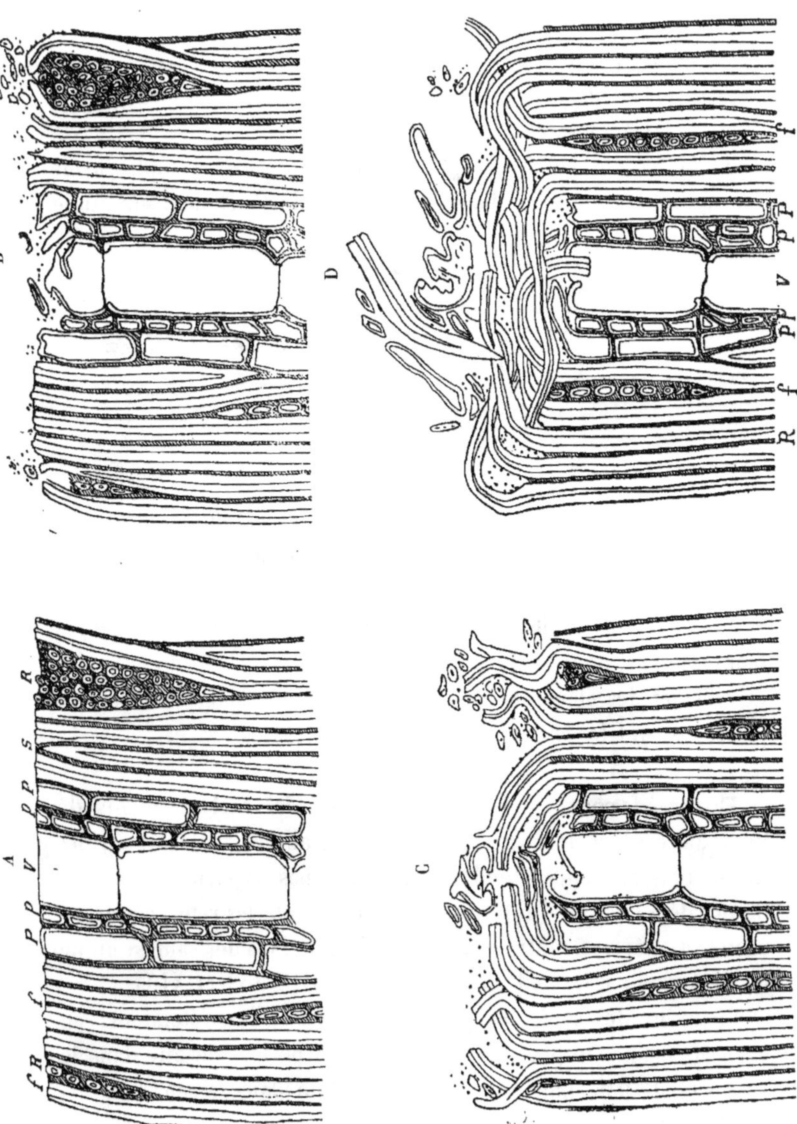

Schéma de l'usure du pavage en bois.

f, fibres. — V, vaisseaux. — P, parenchyme long. — *p*, parenchyme court. — R, rayons médullaires.
A, pavé neuf. — B, les rayons se détachent. — C, le parenchyme et les articles des vaisseaux se détachent. — D, les fibres commencent à se détacher.

il se produit quelques déchirures de leurs parois; les concrétions existant dans les bois les plus denses, comme l'amandier, l'olivier, les eucalyptus, etc., peuvent elles-mêmes y provoquer, par suite de leur dureté ou de leur adhérence aux parois, des déchirures plus ou moins fréquentes.

La matière intercellulaire nous paraît, d'après ces exemples, avoir une grande importance dans les questions de résistance; son étude

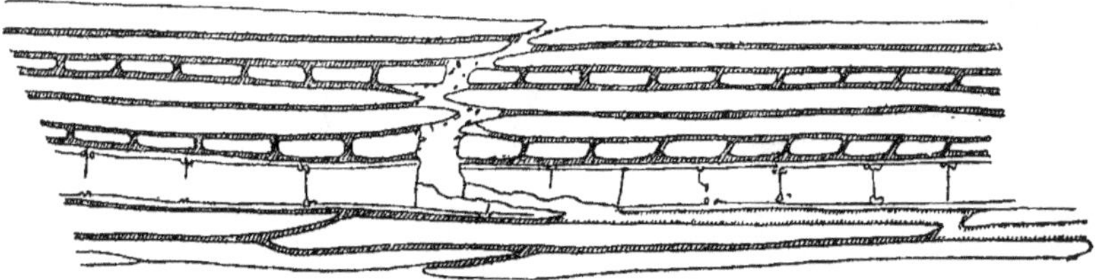

Brisure par traction.

sera complétée ultérieurement à l'occasion de l'étude chimique du bois; étude succincte qu'il est nécessaire de faire pour avoir une idée complète de ce tissu si variable.

Les éléments décrits ci-dessus se rencontrent dans tous les arbres feuillus; mais, pour terminer l'examen anatomique, il est nécessaire de signaler des éléments existant accessoirement dans certaines espèces; ce sont les *entre-écorces* et les *canaux laticifères*.

Entre-écorce. — On aperçoit, dans les accroissements de quelques espèces de bois (aune, coudrier, alisier, saule, etc.), des taches plus ou moins étendues qui n'ont pas la structure anatomique déjà décrite. Tantôt une teinte différente les rend très apparentes; tantôt, au contraire, comme dans le bois des saules, on ne les distingne pas à l'œil nu (planches XXIII, XXVI et XLI).

Leurs limites sont des plus irrégulières; elles s'étendent, en général, beaucoup plus dans le sens de la périphérie que dans le sens radial; leur hauteur et leur direction dans le sens longitudinal est des plus variables.

Elles sont formées de cellules de dimensions moyennes d'un diamètre généralement supérieur à celui des fibres. Ces cellules sont courtes, plus ou moins régulièrement rondes, ovales ou arrondies; leurs parois sont minces, peu ou pas ponctuées; leur lumen plus ou moins rempli de matières diverses.

Ce tissu, dans lequel les rayons médullaires ont disparu le plus souvent, ressemble au parenchyme cortical : il paraît être une partie de ce tissu englobé accidentellement dans le bois pendant sa formation; c'est pour cette raison que ces taches sont dénommées entre-écorce. Elles rappellent aussi, en quelque sorte, les entre-écorces que l'on rencontre à l'enfourchure de certaines ramifications soudées à la suite d'une croissance trop rapprochée, qui englobent dans le bois une partie de l'écorce des deux rameaux voisins.

L'existence de ces taches est spécifique et permet de distinguer entre eux des bois de même aspect et d'espèces très voisines : les alisiers des poiriers et pommiers, les saules des peupliers, le charme du coudrier, etc.

Au point de vue de la résistance, ces taches, composées de cellules rondes souvent simplement tangentes, peu adhérentes les unes aux autres, n'ont aucune consistance et sont une cause de faiblesse et de manque d'homogénéité dans le tissu. Ainsi certains alisiers dont le tissu ligneux serait une excellente matière pour la gravure sur bois sont peu estimés pour cet usage, parce que les planches doivent être examinées avec le plus grand soin avant l'emploi pour que l'on n'utilise pas les parties ainsi tachées sur lesquelles le burinage serait impossible.

Ces parties spongieuses sont, en outre, un excellent milieu pour les accumulations d'humidité et, par suite, le développement des champignons saprophytes.

Canaux laticifères. — Les bois feuillus français ne contiennent pas de canaux laticifères; lorsqu'ils existent dans leur tige, ils sont localisés dans la moelle (rosacées) ou dans l'écorce (érable, figuier). Mais comme il peut en exister dans certains bois étrangers, il est utile de les signaler et de les décrire sommairement.

Ces canaux sont formés d'une file de cellules primordiales irrégulièrement anastomosées entre elles et formant des réseaux irréguliers dans les tissus. Les parois séparatives de ces cellules se sont résorbées comme dans le cas des vaisseaux, et l'intérieur du canal formé est complètement rempli dans le bois vert par un liquide spécifique nommé *latex,* en raison de son aspect plus ou moins laiteux ; il tient en suspension les produits les plus divers, tels que l'opium des papavéracées, la gutta-percha et le caoutchouc dans les ficacées, le suc cristallisable dans les acérinées, etc.

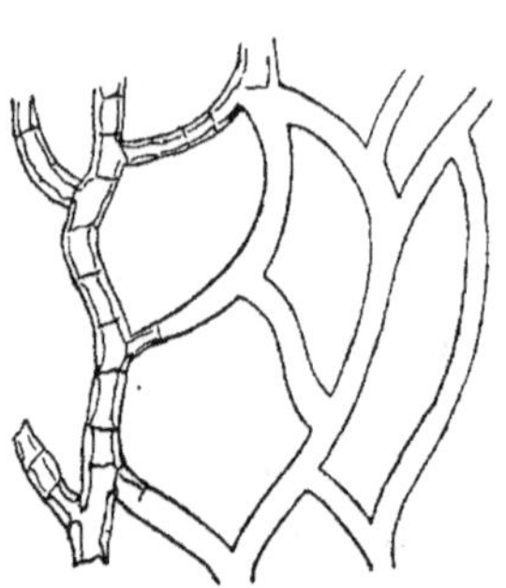

Au point de vue des bois d'œuvre, ces canaux ont une action semblable à celle des vaisseaux dans les questions de résistance.

Si nous cherchons à résumer les diverses qualités des bois feuillus qui peuvent être déduites de l'étude précédente, nous regarderons comme acquises les conclusions suivantes :

La compacité et la dureté de ces bois sont proportionnelles à l'épaississement des diverses parois et surtout au nombre des fibres, et inversement proportionnelles à la grosseur des vaisseaux et à l'abondance du parenchyme ligneux et des rayons médullaires.

La ténacité est proportionnelle au nombre et au groupement des fibres, et inversement proportionnelle à la friabilité de la matière intercellulaire.

La flexibilité varie avec la distribution des divers éléments du tissu et la grosseur respective de ces éléments.

L'homogénéité est proportionnelle à la régularité de la distribution relative des divers éléments du tissu, et inversement proportionnelle à la décroissance des vaisseaux dans les accroissements successifs, à la grandeur des rayons médullaires et à la localisation des divers éléments en faisceaux distincts.

Cette étude anatomique des diverses cellules du bois doit être complétée, pour donner une idée exacte du tissu ligneux, par certaines considérations générales sur la constitution des tiges communes aux deux classes; elles vont être examinées ci-après.

CONSTITUTION GÉNÉRALE DES BOIS D'ŒUVRE.

Formation des tiges. — Dans tout ce qui précède, il a toujours été supposé que les secteurs fibrovasculaires s'accolaient entre eux suivant des plans radiaux passant par l'axe de croissance et un rayon perpendiculaire. Cette disposition est seule apparente à première vue et semble exister dans certains bois crus dans des conditions normales, tels que le frêne, l'orme et le chêne. Quelques auteurs prétendent que ces secteurs sont toujours disposés plus ou moins obliquement et qu'ils s'enroulent en hélice autour de la moelle; l'inclinaison de ces hélices pourrait même être considérable; elle serait de 45 degrés pour le grenadier et de 30 degrés pour le lilas; les bois de ces deux espèces, en particulier, seraient, d'après eux, normalement et spécifiquement à fibre torse pour cette raison.

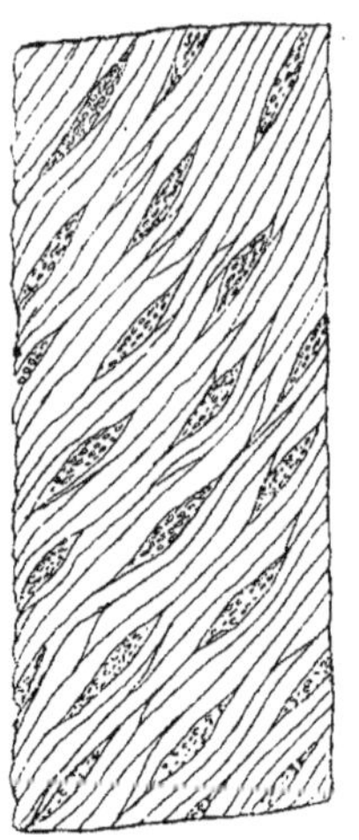

Cette inclinaison ne serait plus, d'après Van Tieghem, que de 10 à 20 degrés dans le marronnier, de 3 à 4 degrés dans le peuplier et le bouleau, et beaucoup moindre dans les autres essences. L'enroulement serait tantôt constamment et dans tous les accroissements vers la gauche (peuplier), ou vers la droite (marronnier); tantôt il aurait une direction prédominante dans l'espèce mais non exclusive vers la droite (poirier et charme), vers la gauche (saule); enfin, pour d'autres espèces, la direction considérée dans les couches annuelles successives de la même tige changerait chaque année de sens (pin et sapin).

Ce phénomène trouve son explication, d'après van Tieghem, dans une croissance longitudinale trop vive des cellules périphériques après l'arrêt de la croissance en longueur du centre de la tige.

Ce fait semble confirmé par les études de M. d'Arbois de Jubainville qui lui ont permis de constater que les arbres à croissance rapide de la forêt domaniale de Marchiennes ont la fibre plus torse que les autres. Mais cette torsion ne serait pas pour lui spécifique, normale et de direction déterminée; car cette torsion serait dans cette forêt, dans les trois quarts des cas étudiés, vers la droite, et dans les autres, vers la gauche. De plus, elle existe aussi bien sur les chênes que sur les pins ou les aunes; et, une fois acquise par un individu, cet individu la transmettrait à sa descendance végétant dans des conditions de moins grande activité[1].

Ce phénomène de torsion du tissu, visible sur l'écorce même des tiges, est connu depuis longtemps des forestiers et des techniciens; on l'attribuait aux vents régnants dans la contrée et à l'irrégularité de la forme de la cime lui donnant plus de prise sur un côté du tronc que sur l'autre.

Que cette torsion soit spécifique ou accidentelle, il est certain que, si elle est exagérée, elle peut avoir une importance au point de vue de la résistance dans les essais; car les forces n'agissent plus normalement ou parallèlement, mais plus ou moins obliquement au réseau perpendiculaire qui forme tout réseau ligneux.

Si, par exemple, on considère deux tenons ou deux planches, l'un avec des secteurs bien parallèles aux surfaces de résistance, et l'autre avec des secteurs hélicoïdaux, il est facile de comprendre,

[1] Le Liein du Tonkin a une disposition qui confirmerait ces dires; si l'on étudie dans ce bois un accroissement formé pendant une période de végétation, on y voit tout le tissu formé au commencement de cette période fortement incliné en hélice; puis, au fur et à mesure que la période s'approche de sa fin, cette inclinaison s'atténue de telle sorte que la direction devient bien verticale dans la partie la plus extérieure de l'accroissement.

d'après ce qui a été dit précédemment, que le tenon à secteurs parallèles sera bien plus résistant que l'autre, dont la partie supérieure aura une tendance à se séparer suivant la surface courbe *abcd;* aussi les bois à tissu trop torse sont-ils très dépréciés, ils ne peuvent être employés qu'en grume comme poteaux ou relégués à l'emploi de bois de chauffage; on les affecte exceptionnellement à certains usages peu nombreux (vis de pressoir), pour lesquels cette disposition peut avoir des avantages.

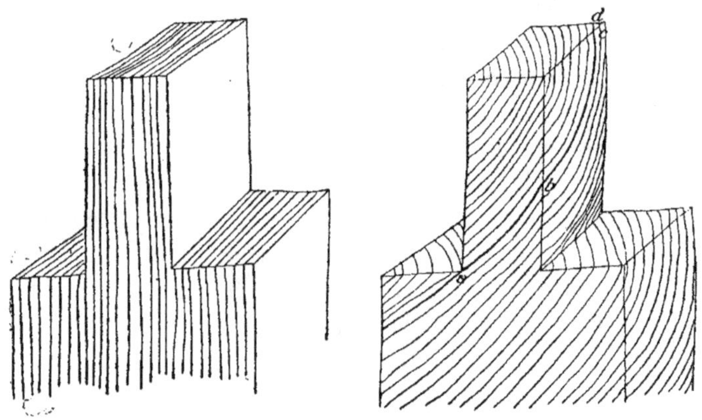

Cette disposition s'oppose aussi au débit des bois par la fente ; car on obtiendrait dans ce cas que du merrain contourné et inutilisable.

Les accroissements successifs ne s'accumulent pas toujours avec la même régularité tout autour du bois primaire; leur épaisseur peut varier avec les saisons successives sèches ou pluvieuses; elle peut être réduite par les maladies passagères de l'arbre, les invasions d'insectes qui détruisent les feuilles, les gelées printanières qui endommagent les jeunes pousses. Le traitement, même forestier, peut produire des périodes de ralentissement ou d'activité dans la croissance. L'arbre crû isolément pendant toute sa vie, celui ayant vécu en futaie, a un tissu beaucoup plus régulier que celui isolé périodiquement dans un taillis sous futaie, un taillis fureté ou une futaie jardinée. Les conditions de pente du sol, d'éclairage, d'orientation du tronc ou de nutrition entraînent souvent une excentricité plus ou moins prononcée de la tige. Cette excentricité existe même en principe général dans toutes les grosses branches.

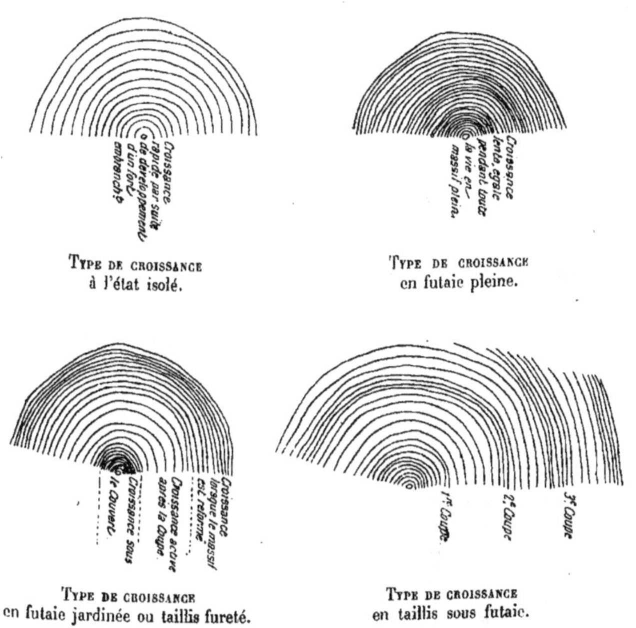

TYPE DE CROISSANCE à l'état isolé.

TYPE DE CROISSANCE en futaie pleine.

TYPE DE CROISSANCE en futaie jardinée ou taillis fureté.

TYPE DE CROISSANCE en taillis sous futaie.

L'âge même et la période de moindre végétation ou de végétation très lente qu'il entraîne peut produire, à la périphérie des gros arbres à végétation rapide, une zone d'accroissements très étroits.

Lorsque le tissu ligneux est homogène, ces irrégularités peuvent n'avoir qu'une très faible influence sur les qualités de résistance des deux parties à croissances différentes; mais lorsqu'il n'en est pas ainsi, comme dans les chênes et les abiétinées, les qualités des bois sont fortement modifiées, et il doit en être tenu compte dans l'emploi. Ainsi les menuisiers et les fabricants de merrain préfèrent les bois crus en futaie pleine à cause de la plus grande régularité de la matière ligneuse obtenue par ce mode de traitement. Le bois des taillis sous futaie est, au contraire, peu estimé par eux en raison des grandes différences périodiques qui existent dans le tissu des tiges qui ont vécu dans ces conditions. Le bois de branche, quelle que soit sa grosseur, est peu utilisé comme bois d'œuvre, en raison de la forte excentricité de la croissance et de l'irrégularité de résistance des bois qui en proviennent.

Excentricité de la moelle produite par la pente.

Enfin, suivant les espèces, la zone formée par l'accroissement est plus ou moins régulière. Tantôt la périphérie est circulaire et le tronc est bien arrondi (tremble, cerisier); tantôt cette périphérie, bien que circulaire dans son ensemble, est formée par une surface finement sinueuse (voir ci-dessus les sections transversales de coudrier et de hêtre), tantôt elle est très irrégulière comme dans l'if, le charme (planche XLII), le peuplier pyramidal, et elle entraîne une déformation de la tige plus ou moins considérable. Le fût de l'arbre se trouve alors cannelé. Cette sorte de croissance déprécie les bois de ces espèces, puisqu'elle augmente les déchets lorsqu'on veut les débiter en pièces régulières; elle modifie aussi les qualités de résistance du bois, car elle fait varier l'orientation des diverses parties du tissu.

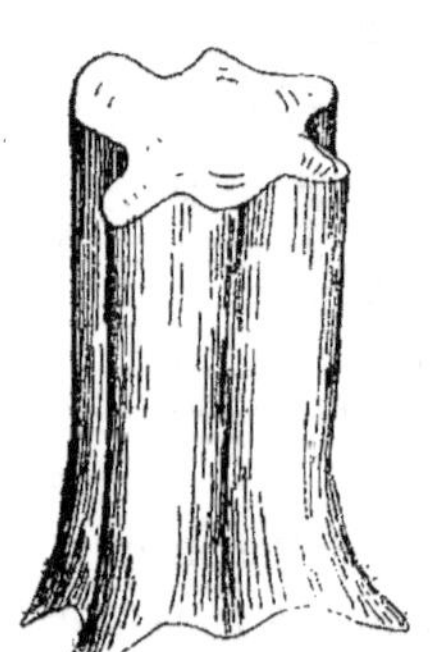

Tronc de forme irrégulière.

Dans le sens de la hauteur, les variations de forme des tiges sont peu considérables. Le fût ou tronc des arbres est le plus souvent bien droit : sapin, peuplier, hêtre, chêne; mais il peut être légèrement courbé par suite de causes diverses, par exemple les vents constants dans une direction ou l'éclairage plus grand d'un côté quelconque de l'horizon (arbres de lisières), qui entraînent une flexion plus ou moins considérable de la flèche. La hauteur varie suivant les espèces, et pour les mêmes espèces suivant les sols, le climat et même le mode de traitement forestier. Cette hauteur n'a d'importance, au point de vue technique, qu'en raison de la longueur et du nombre des pièces que l'on peut débiter dans le même arbre.

Le diamètre du fût décroît plus ou moins vite, suivant les espèces, au fur et à mesure qu'il s'élève au-dessus du sol. Généralement, depuis le sol jusqu'à la hauteur d'homme, le tronc est élargi; la cause de cet élargissement est la réunion à la tige des racines qui s'enfoncent obliquement dans le sol. Cette réunion amène une déviation des tissus qui rend peu propre au service cette partie; aussi les ouvriers la font-ils disparaître en partie avant d'utiliser la première bille d'un fût. Au-dessus de cet empatement et jusqu'aux premières branches, la décroissance est assez régulière; c'est la partie essentiellement ouvrable de l'arbre. Au-dessus de ces branches, suivant les espèces, la grosseur diminue fortement, la direction verticale s'infléchit plus ou moins, et, par exception seulement, l'on peut encore trouver quelques billes susceptibles de fournir des petits bois de construction.

La texture du tissu est la même dans toute la hauteur de la tige; mais il convient ici d'étudier comment l'allongement du fût s'est produit, puis comment les rameaux, qui le garnissaient, ont disparu.

Les plus jeunes arbres sont pourvus de branches latérales depuis la base. Ces branches se sont étiolées au fur et à mesure que celles qui étaient au-dessus d'elles ont pris de la force; puis elles sont mortes et se sont brisées, produisant ce qu'on appelle l'élagage naturel du fût. Toutes ces branches mortes ou vives ont produit des déviations du tissu ligneux qui subsistent dans le bois mis en œuvre.

Le nombre de ces déviations augmente au fur et à mesure que l'on se rapproche de la cime, dépréciant la matière ligneuse par de trop nombreuses inflexions du tissu. Il est évident, en effet, qu'une pièce droite (poutre ou planche) prise dans la partie ABCD d'un tronc branchu n'aura pas la qualité d'une autre pièce prise dans la partie ADEF, puisqu'en GHI les secteurs ligneux seront coupés obliquement et presque perpendiculairement et qu'il est établi que les résistances dans ce sens sont bien différentes.

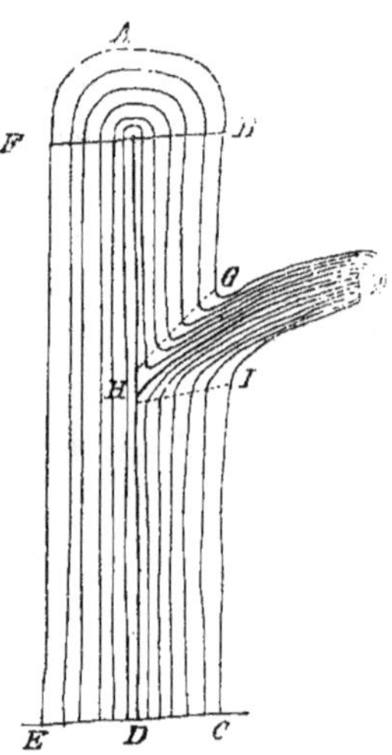

Déviation du tissu par un embranchement.

Le déchet provenant de cette cause dépend de l'importance de l'embranchement : ainsi les sapins et les épicéas à embranchement rare faible fournissent relativement beaucoup plus de bois d'œuvre que les bois feuillus plus branchus ; et parmi ceux-ci, les arbres cultivés en futaie pleine en donnent beaucoup plus que les arbres crus isolément, dont l'embranchement est à la fois plus étendu et commence à une moindre hauteur du sol.

Ces embranchements existant au moment de l'abatage sont faciles à voir et l'on peut les éviter dans le débit, mais il n'en est pas de même de ceux qui ont disparu par l'élagage naturel. La base de ces rameaux existe dans le tronc où elle produit ce que les ouvriers appellent des *nœuds*.

Ces nœuds ont été plus ou moins vite recouverts par la croissance périphérique suivant leur grosseur et les espèces botaniques. Tantôt, comme dans le peuplier, le rameau de 1, 2 ou 3 ans étiolé forme à sa base un tissu spécial et tombe sans laisser de plaie ou de partie morte. Tantôt le dépérissement est beaucoup plus long, le rameau se dessèche et reste encore assez longtemps sur l'arbre, puis le vent ou un choc quelconque le brise en laissant une esquille plus ou moins longue et irrégulière. Cette esquille ne peut être recouverte qu'au bout d'un certain temps par la croissance périphérique. Cette partie morte incluse dans le tronc constitue un nœud tantôt sain, tantôt plus ou moins vicié par les infiltrations et les invasions végétales ou animales.

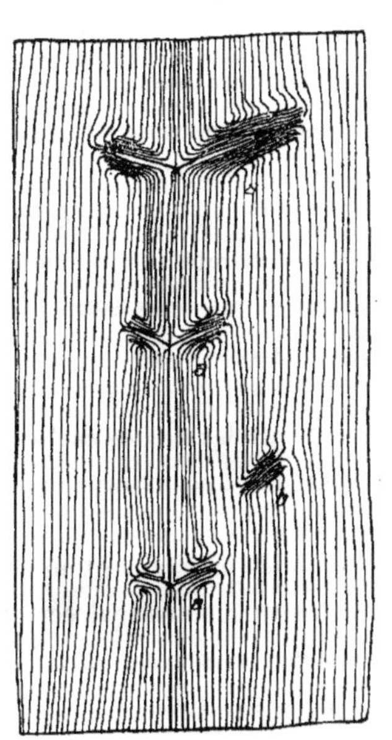

a, nœuds provenant de l'élagage naturel des rameaux latéraux.
b, nœud provenant d'un rameau adventif.

Généralement, dans les bois feuillus, la pression du tissu en végétation dépouille le nœud de son écorce, le nouveau tissu s'incruste dans toutes les sinuosités de l'esquille en chassant le bois décomposé, et l'on ne trouve dans la bille qu'une petite partie de bois mort très adhérente au tissu. Dans les résineux, il n'en est pas de même; généralement avec l'étiolement précédant la mort du rameau, un épanchement considérable de résine se produit entre le tissu vivant du fût et la partie où la végétation va cesser; il injecte de résine tout le bois et l'écorce et il rend cette partie plus dure et plus résistante à l'humidité. Le *chicot* se brise alors à une plus grande distance du tronc (ce fait tient aussi dans certains cas à la grande épaisseur de l'écorce qui l'enchâsse); un temps assez long est nécessaire pour qu'il soit entièrement recouvert. L'écorce envahie par la résine fait corps avec le chicot et se trouve incrustée dans le bois avec lui. Ces nœuds des résineux ont l'inconvénient, lorsqu'ils sont mis à jour par les débits et que le tissu se dessèche, de former des parties dures qui arrêtent les outils; de plus, ils se détachent facilement des planches mises en place.

Tous les nœuds dont on vient de parler se trouvent dans les arbres assez près de la moelle ou cœur de l'arbre, et pour cette nouvelle raison, les ouvriers enlèvent cette partie lors de la confection des ouvrages soignés.

D'autres nœuds provenant des bourgeons adventifs et proventifs des arbres feuillus et de quelques conifères peuvent exister, mais ils sont rares dans les arbres de futaie; ils ne sont abondants que dans les arbres de taillis soumis à des dégagements périodiques ou dans les arbres de lisière périodiquement élagués; aussi leur bois rempli de nœuds cachés est fort déprécié pour cette raison.

La crainte des nœuds inclus dans le tissu est la cause pour laquelle les bois sont presque toujours employés en dimensions supérieures à celles nécessaires pour résister aux forces auxquelles ils doivent être soumis. Malgré cette précaution, il est arrivé souvent que les nœuds cachés ont conduit à des mécomptes; cet inconvénient a fait préférer dans maintes circonstances le métal au bois.

Des études scientifiques bien conduites produisent déjà en Amérique un mouvement en sens contraire; elles ont permis de reconnaître qu'à poids égal, certains bois (l'hickory par exemple, et d'autres) avaient une résistance 4 ou 5 fois supérieure à celle du fer et qu'en sélectionnant avec soin la matière ligneuse, son emploi était bien supérieur à celui des métaux dans un grand nombre de circonstances.

Aubier et bois parfait. — Si l'on observe la section transversale d'un arbre, on remarque le plus souvent que les couches du pourtour ont une teinte plus claire que celles du centre. La première partie porte le nom d'*aubier* et la seconde celui de *bois parfait;* cette dernière partie seule s'emploie ou peut être employée dans certaines espèces botaniques, car elle seule a quelque durée; la première, au contraire, est rapidement détruite par les insectes, et les végétations mycologiques ou microbiques. D'où vient cette différence ? La conformation anatomique du tissu est la même dans ces deux parties ; dans quelques genres ou espèces on reconnaît cependant une différence déjà signalée, les vaisseaux du bois parfait le plus rapproché de l'aubier se garnissent de thylles qui obstruent les lumens plus ou moins complètement et persistent dans les couches sous-jacentes. Mais cette obstruction des vaisseaux n'est pas suffisante pour justifier la différence de couleur, et surtout l'énorme différence de « durabilité » (expression adoptée à l'étranger) qui existe entre ces deux parties de la même tige.

L'étude physiologique donne une meilleure explication ; elle permet de reconnaître que la sève circule dans les jeunes vaisseaux et qu'elle établit des réserves nutritives dans le parenchyme, d'autant plus activement que l'on se rapproche de la périphérie de la tige. Les cellules et vaisseaux de cette partie contiennent des matières végétales instables facilement transformées par les diatases pendant la période de croissance. Des courants internes ou l'endosmose les font affluer vers la périphérie ou cambium pour nourrir et développer le jeune tissu en formation. Ces matières sont tantôt solides (amidon, etc.), tantôt à l'état de dissolution (glucose, éléments azotés, etc.), tantôt en globules liquides (huiles diverses) ; on les reconnaît facilement par l'étude microscopique et l'analyse microchimique. Ces matières sont peu colorées en général, d'où la faible coloration de l'aubier ; elles peuvent être utilisées non seulement par le végétal vivant, mais encore, si la vie vient à cesser par suite de l'abatage et qu'elles lui deviennent ainsi inutiles, elles peuvent servir à la nutrition des animaux, des insectes et des végétaux inférieurs. Cette partie du bois est donc, après l'exploitation, d'autant plus sujette à des détériorations qu'elle est plus riche en éléments facilement assimilables de cette nature.

Au fur et à mesure que la tige s'accroît, le courant de sève devient moins actif dans la profondeur des accroissements recouverts, les parois traversées par les solutions s'imprègnent de matières diverses et deviennent moins perméables; les diastases s'épuisent et ne peuvent plus se reconstituer ou réagir par suite de la moindre pénétration de l'air et de la lumière; de plus, les corps simples ou composés en excédent dans les lumens, ou inutiles à la constitution des jeunes tissus, augmentent et s'accumulent dans le parenchyme et même dans les vaisseaux. De nouvelles combinaisons se produisent, dans lesquelles l'azote, le phosphore, le chlore et d'autres corps nécessaires au protoplasma de la périphérie ont disparu presque entièrement; le protoplasma lui-même n'existe plus dans les lumens. Ces nouveaux produits imprègnent le tissu et produisent la lignification du bois; leur caractère général est d'être plus stables et difficilement assimilables par les animaux et les végétaux; souvent ils sont antiseptiques et, pour cette raison, ils assurent la conservation du tissu. Cette lignification se traduit le plus souvent par une coloration rousse ou fauve que l'on attribue à la *lignine* ou *vasculose*, sur laquelle nous aurons à revenir ultérieurement.

Les autres produits formés varient du reste avec les espèces : s'ils sont colorés et solubles, ils peuvent teinter plus ou moins le tissu; c'est ainsi que le bois d'ébène se colore en noir, celui de la bourdaine en rose, du cytise en brun verdâtre, du mûrier en jaune verdâtre, du copahu en violet, de l'if en amarante brunâtre (planche XLV), etc.

Quelquefois la teinte est marbrée ou veinée de diverses couleurs, par suite des différences dans les productions annuelles ou de l'accumulation d'une matière dans certaines parties du tissu; ainsi le bois de noyer est gris roussâtre marbré de noir, l'olivier bistre veiné de brun et de noir, le pistachier de l'Atlas brun verdâtre marbré de rouge, de rose, de vert et de brun.

Ces teintes, nuances ou marbrures sont souvent un précieux auxiliaire pour reconnaître et différencier les espèces; il arrive aussi que leur intensité se modifie avec le sol et le climat; ainsi le chêne yeuse devient brun marbré de rouge et de noir dans certaines localités de Corse; le bois de noyer, très pâle et peu nuancé dans les plaines du Nord, devient beaucoup plus foncé et magnifiquement marbré de noir dans les montagnes, etc.

Cette question de coloration, bien accessoire en général au point de vue de la résistance, a une grande importance au point de vue de l'emploi esthétique des bois, et le prix de certains d'entre eux augmente considérablement en raison de la beauté de leur coloris; ce sont ces nuances qui les font rechercher pour l'ébénisterie et la marqueterie de luxe.

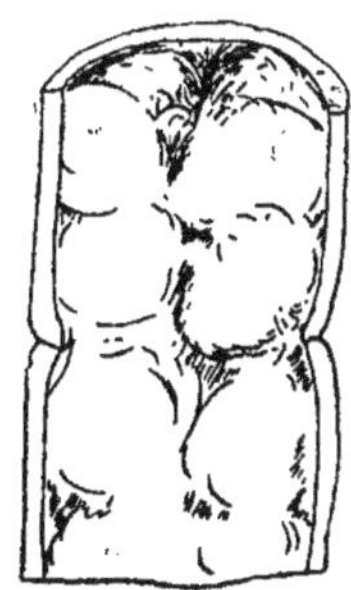

Vaisseau rempli de gomme ou résine.

Parenchyme et vaisseau remplis par du tanin et des concrétions diverses.

Il ne faut pas confondre toutefois ces nuances naturelles et saines avec d'autres amenées par des commencements de décomposition. Ces dernières se reconnaissent presque toujours, du reste, par une étude microscopique approfondie qui décèle des altérations des caractères anatomiques. La connaissance du tissu sain a pour cette raison une grande importance.

Il faut encore signaler dans le bois parfait d'autres produits qui, soit en raison de leur insolubilité ou de l'état de saturation du liquide, s'amoncellent à l'état solide dans les cavités des cellules et vaisseaux qui prennent alors la coloration de ces concrétions. Ce sont souvent elles, du reste, qui provoquent les marbrures et veines signalées ci-dessus. Le comblement des lumens par ces matières solides augmente les qualités de résistance du tissu, puisque les parois de chaque cellule ainsi soutenues ne peuvent s'affaisser dans le lumen. Les bois de grande densité, comme l'amandier, l'ébène, le jarrah, le karri, le bois de fer, ont généralement leurs cavités cellulaires presque absolument pleines de ces produits résiduaires, dont la nature, variable avec les espèces, a une grande influence aussi sur les questions de «durabilité» du tissu.

L'aubier de certains arbres paraît exceptionnellement avoir la même qualité ou à peu près que le bois parfait, de sorte que l'on peut utiliser la totalité des tiges au lieu d'être obligé de les réduire par l'enlèvement de leur périphérie. Le châtaignier et le robinier pseudo-acacia, parmi les bois exploités en France, sont dans ce cas; les pieux et échalas de ces espèces résistent 25 et 30 ans aux intempéries des saisons. Ce fait tient, dans le premier de ces bois, à l'abondance du tanin déjà formé dans l'aubier, et dans le second, à l'existence de la robinine dans cette même partie. Ces matières sont de puissants antiseptiques, le second est même très vénéneux, de sorte que la vie animale ou végétale saprophyte est arrêtée par leur présence. De plus, comme ils sont peu solubles dans l'eau, et qu'ils injectent naturellement la cellulose des parois, les périodes de pluie ne les font pas disparaître rapidement.

En thèse générale, la présence d'un aubier bien défini indique une meilleure lignification du tissu; les bois sans aubier sont moins durables que les autres, ainsi le bois de peuplier blanc est supérieur pour cette raison aux espèces voisines, le pin au sapin, etc.

Cette distinction n'est pas toujours apparente : le charme, les érables, le bouleau, les fruitiers en général ne présentent aucune différence d'aspect dans l'épaisseur de la tige; chez d'autres, elle est peu sensible (épicéa, saule). Il ne faudrait pas en conclure que ces bois se composent exclusivement d'aubier. Leur lignification peut être moindre, cela est certain, mais elle peut être aussi masquée par une matière colorante qui est également abondante dans tout le tissu, ou, au contraire, par des matières incolores qui blanchissent le tissu (buis de couleur jaune uniforme et pin cembro dont la résine blanchâtre pâlit le bois parfait). Cette question est donc encore des plus complexes.

La proportion entre l'aubier et le bois parfait varie avec les espèces. L'existence d'une trop grande quantité d'aubier, d'une limite irrégulière entre cette partie du tissu et le bois parfait, sont des conditions d'infériorité pour une espèce déterminée au point de vue technique et forestier, puisqu'elle réduit la partie utilisable du bois. Ce motif fait préférer dans bien des pays le bois de sapin à celui des pins, parce que la totalité de la tige du premier dépourvue d'aubier est utilisable. Le pin laricio, dont le bois parfait est d'une grande durée, est peu recherché à raison de l'énorme quantité d'aubier qu'il contient et de la grande irrégularité de cette zone.

Cette irrégularité montre que le bois parfait ne se forme pas au bout d'un temps déterminé et à une profondeur fixe pour une espèce végétale, comme on peut s'en rendre compte par l'examen de la planche XLV représentant une tige d'if. L'épaisseur de l'aubier semble cependant moins variable que le temps nécessaire à sa lignification ; d'après les recherches de M. Fliche, professeur à l'école de Nancy, faites sur la collection de bois à sa disposition, le nombre de couches de l'aubier varie dans le pin laricio de 12 à 382 pour une épaisseur décroissante avec l'âge de 195 à 46 millimètres.

DENSITÉ DES BOIS.

La répartition dans les tissus en nombre variable des cellules de différentes sortes, la largeur inégale des accroissements, leur constitution par des bois de printemps et d'automne de structure différente, les dépôts plus ou moins abondants à l'intérieur des lumens, les produits divers injectant les parois sont les causes premières des différentes densités des nombreuses espèces de bois et des variations de cette densité pour la même espèce.

L'habitat de l'arbre peut encore influer sur elle ; si, par suite d'un abri, d'une sélection naturelle, d'un état spécial de massif, la végétation est plus ou moins hâtive ou tardive, la proportion entre le bois d'automne et le bois de printemps varie, et par suite, avec elle, la densité.

Cet habitat influe, en outre, souvent sur les dépôts résiduaires et les sécrétions qui remplissent les lumens ; leur abondance peut tenir à la nature, à la composition du sol et aussi au climat.

Le climat a son influence sur l'élaboration de la sève et les épaississement des cellules ; si l'on compare les poids de deux échantillons de chêne pédonculé, l'un crû en Normandie et l'autre dans la vallée de l'Adour, on remarque que le second est plus lourd que le premier, quoique les accroissements soient de même dimension ; il en est de même pour les épicéas crus dans le nord de la Suède, la Normandie et les Alpes. Ces différences tiennent aux conditions variables d'élaboration de la sève suivant les climats, et en second lieu aux aliments nutritifs contenus dans les sols.

Tous les sols ne contiennent pas la même proportion d'aliments nutritifs; l'excès ou l'absence de certains d'entre eux peuvent même amener le dépérissement de certaines espèces.

Sur les terrains calcaires, le châtaignier et le pin maritime périssent par suite de l'excès de calcaire introduit dans leur tige. L'absence du calcaire dans les sols siliceux réduit, au contraire, le nombre des espèces végétant sur ces sols. D'un autre côté, les réactions biologiques produites par les diastases d'une espèce demandent certaines températures pour se développer, une certaine quantité de lumière, une atmosphère d'une humidité déterminée, peut-être même certaines conditions de pression modifiées par l'élasticité de l'écorce suivant son degré d'humidité, peut-être aussi par l'altitude.

Toutes ces conditions passent par des maxima et des minima au delà desquels toute végétation cesse. Entre ces limites, les degrés sont nombreux et passent par des termes qui sont les plus favorables à chacune des diastases productives des diverses substances végétales.

Dans une même forêt et surtout dans la zone habitée par une espèce, ces conditions varient à chaque pas avec la pente, l'exposition, la nature et la profondeur du sol, l'accumulation de l'humus ou sa disparition, l'altitude ou la latitude et les variations de climat qui s'ensuivent.

FIBRE.

A, section longitudinale.
B, section transversale.
ah, membrane primordiale.
hc, épaississement moyen (chêne pédonculé normand).
bd, épaississement maximum (chêne pédonculé de l'Adour).
p, ponctuation.

Les diastases agissent dans chaque lieu d'une manière plus ou moins active, favorisant ici la multiplication des cellules, là, la formation des dépôts résiduaires et des sécrétions, là, enfin, l'épaississement des parois qui entraînent avec lui ces différences de densité signalées plus haut dans la même espèce. Chaque cellule se compose, en effet, essentiellement d'une membrane primordiale formée au moment de la croissance en longueur et en diamètre ; sur cette membrane, suivant l'état nutritif de la sève, il se forme, dès la première année, des épaississements plus ou moins grands ; ces épaississements peuvent ultérieurement et pendant un certain temps augmenter chaque année ou même diminuer, si les diastases se trouvent encore dans des conditions favorables pour les développer ou les réduire afin d'alimenter les cellules en croissance. L'épaississement reste ainsi de dimensions très variables suivant ces conditions ; et il produit des différences très notables de densité.

Si les conditions locales de la végétation agissent sur l'augmentation des sécrétions, comme il arrive pour le pin maritime, la densité varie dans une certaine mesure. Le pin maritime introduit dans les environs de Paris, moins producteur de résine, est moins dense que celui des Landes de Gascogne; et dans ces landes, le pin gemmé, c'est-à-dire mutilé pour développer les épanchements de résine, est plus lourd que celui qui n'a pas subi cette opération.

D'après cet exposé, il semble donc que la densité d'un bois indique la masse de matière ligneuse pour un volume donné; et beaucoup d'auteurs ont émis l'avis que cette densité était proportionnelle aux qualités de résistance des échantillons pris dans les bois de même espèce. Ce fait est exact dans une certaine mesure; car, si l'on réduit en poudre fine un bois quelconque, d'après MM. Dupont et Bouquet de la Grye, la densité de cette poudre est à peu près de 1,50, quelle que soit l'espèce. Mais la densité du bois est assez difficile à obtenir d'une façon précise en raison de l'hygroscopicité de cette matière dont nous allons parler ci-après.

Le tableau ci-contre montre combien la densité des bois d'une espèce varie pour le territoire français; des tableaux semblables pourraient être établis pour les autres pays où les mêmes faits ont été constatés.

VARIATION DE DENSITÉ DES ÉCHANTILLONS
DE LA COLLECTION DE L'ÉCOLE FORESTIÈRE DE NANCY, SÉCHÉS À L'AIR LIBRE.

(D'après M. Boppe, Directeur de cette école.)

ESPÈCES.	DENSITÉ À L'ÉTAT SEC				VARIATION POUR 100 par rapport au minima.
	MINIMA.	ORIGINE.	MAXIMA.	ORIGINE.	p. 100
		BOIS FEUILLUS.			
Chêne rouvre	0.600	Meurthe-et-Moselle	1.020	Var	41.1
Peuplier noir	0.349	*Idem*	0.585	Gironde	40.3
Saule marceau	0.428	Basses-Pyrénées	0.715	Var	40.1
Alisier	0.639	Meurthe-et-Moselle	0.989	*Idem*	35.4
Érable plane	0.565	Alsace	0.842	Sainte-Baume (Var)	33.1
Frêne commun	0.626	*Idem*	0.930	*Idem*	32.6
Aune commun	0.462	Meurthe-et-Moselle	0.662	Corse	30.2
Chêne pédonculé	0.633	Alsace	0.900	Landes	29.6
Érable à feuilles d'obier	0.618	Corse	0.868	Jura	28.5
Noyer commun	0.579	Puy-de-Dôme	0.800	Var	27.6
Erable champêtre	0.599	Isère	0.810	Sainte-Baume (Var)	26.0
Hêtre commun	0.686	Meurthe-et-Moselle	0.907	*Idem*	24.3
Orme champêtre	0.603	Gironde	0.793	*Idem*	23.9
Érable sycomore	0.572	Jura (920 mètres d'altitude)	0.737	Alsace (1,000 mètres d'altitude)	22.3
Buis commun	0.907	Var	1.161	Basses-Pyrénées	21.8
Bouleau commun	0.619	Meurthe-et-Moselle	0.771	Puy-de-Dôme	19.7
Châtaignier commun	0.601	Alsace	0.742	*Idem*	19.0
Chêne occidental	0.768	La Teste (Gironde)	0.947	Landes	18.9
Chêne-liège	0.829	Var	1.022	Var	18.8
Orme diffus	0.554	Alsace	0.676	Alsace	18.0
Cerisier merisier	0.654	Isère (600 mètres d'altitude)	0.785	Puy-de-Dôme	16.6
Tilleul	0.486	Meurthe-et-Moselle	0.581	Var	16.3
Peuplier blanc	0.453	Alsace	0.540	*Idem*	16.1
Poirier sauvage	0.707	Meurthe-et-Moselle	0.839	Meurthe-et-Moselle	15.7
Charme commun	0.769	Isère	0.902	Puy-de-Dôme	14.7
Robinier pseudo-acacia	0.661	Meurthe-et-Moselle	0.772	Gironde	14.3
Chêne yeuse	0.913	Gironde	1.066	Var	14.3
Coudrier noisetier	0.620	Basses-Pyrénées	0.723	Meurthe-et-Moselle	14.2
Chêne tauzin	0.785	La Teste (Gironde)	0.909	Basses-Pyrénées	13.6
Sorbier domestique	0.813	Meurthe-et-Moselle	0.939	Var	13.4
Micocoulier de Provence	0.690	Var	0.778	Pyrénées-Orientales	11.3
Peuplier tremble	0.544	Meurthe-et-Moselle	0.612	Puy-de-Dôme	11.1
Cornouiller mâle	0.943	*Idem*	1.014	Sainte-Baume (Var)	7.0
Houx	0.875	Var	0.920	Var	4.8
Orme de montagne	0.609	Alsace	0.621	Alsace	1.9
		BOIS RÉSINEUX.			
Pin sylvestre	0.405	Isère	0.799	Haguenau (Alsace)	49.3
Épicéa	0.337	Jura (920 mètres d'altitude)	0.579	Vosges (800 mètres d'altitude)	41.8
Mélèze d'Europe	0.456	Puy-de-Dôme	0.660	Hautes-Alpes	30.9
Pin laricio	0.538	Corse (750 mètres d'altitude)	0.777	Corse (1,110 mètres d'altitude)	30.8
Sapin pectiné	0.381	Jura (900 mètres d'altitude)	0.529	Puy-de-Dôme	27.9
Pin de montagne	0.441	Hautes-Alpes	0.605	Jura	27.1
Pin maritime	0.524	Landes	0.674	Var	22.2
Pin cembro	0.418	Hautes-Alpes	0.525	Basses-Alpes	20.3
Pin pinier	0.521	Landes	0.631	Pyrénées-Orientales	17.4
Pin d'Alep	0.740	Var	0.866	Var	14.5

EAU CONTENUE DANS LE BOIS
ET HYGROSCOPICITÉ.

L'arbre sur pied est gonflé de sève plus ou moins élaborée et de dissolutions aqueuses qui ont envahi par endosmose la cavité des vaisseaux et des autres cellules. La substance même des parois des cellules et la matière intercellulaire sont aussi imbibées par l'eau de ces liquides en plus ou moins grande quantité, comme on peut s'en rendre compte par le tableau ci-après.

DIFFÉRENCE ENTRE LE POIDS DU MÈTRE CUBE DE BOIS VERT ET DE BOIS SÉCHÉ À L'AIR LIBRE.

(D'après GAYER.)

ESPÈCES.	POIDS DU MÈTRE CUBE DE BOIS		QUANTITÉ D'EAU évaporée.	PROPORTION POUR 100 de l'eau évaporée dans le bois séché à l'air.
	vert.	desséché à l'air.		
	kilogrammes.	kilogrammes.	kilogrammes.	p. 100.
Mélèze	760	620	140	22.5
Frêne commun	920	750	170	22.6
Pin sylvestre	700	520	180	34.6
Chêne pédonculé	1,100	860	240	27.9
Chêne rouvre	1,010	740	270	36.5
Épicéa commun	730	470	260	55 0
Orme champêtre	950	690	270	49.0
Érable sycomore	930	660	270	40.0
Hêtre commun	1,010	740	270	36.4
Aune glutineux	820	530	290	54.0
Tilleul	740	450	290	64.4
Pin Weymouth	730	430	300	69.8
Aune blanc	800	490	310	60.3
Peuplier tremble	800	490	310	60.3
Saule	850	530	320	60.0
Bouleau blanc	940	610	330	50.4
Charme commun	1,080	720	360	50.0
Pin noir	1,000	570	430	70.7
Peuplier blanc	950	480	470	97.9
Sapin pectiné	1,000	480	520	108.3

La quantité d'eau susceptible de s'évaporer par suite de la dessiccation incomplète qui s'opère à l'air libre serait donc par mètre cube de 140 kilogrammes pour le mélèze et de 520 kilogrammes pour le sapin, formant ainsi 22 à 108 p. 100 du poids du bois sec.

Après l'abatage, cette eau s'évapore petit à petit et d'autant plus rapidement que le tissu est moins dense, que les vaisseaux sont mieux ouverts et plus nombreux, que le bois est débité en parties plus fines, enfin que les pièces obtenues sont conservées dans une atmosphère plus sèche. Cependant il ne faut pas que cet état de siccité soit trop grand; car l'évaporation se produirait trop rapidement à la surface, vers laquelle les cellules internes n'auraient pas le temps d'amener graduellement leur humidité par endosmose et capillarité; la contraction qui suit la dessiccation se ferait plus vite à la surface que dans la profondeur du tissu, et de nombreuses fentes se produiraient et endommageraient la matière ligneuse.

Le bois est une matière très hygroscopique qui reprend dans l'air ambiant ou au milieu dans lequel il est utilisé, l'eau qui s'y trouve. La dessiccation doit donc être en quelque sorte proportionnelle à l'emploi que l'on doit faire du bois. Des pilotis immergés peuvent être utilisés aussitôt après l'abatage. Les bois de menuiserie et ceux d'ébénisterie destinés aux appartements doivent être aussi secs que possible, pour ne pas jouer une fois mis en place.

Par suite de cette hygroscopicité, le bois séché à l'air libre contient encore une certaine quantité d'eau que l'on peut apprécier par des séchages à l'étuve.

Hartig l'évalue à 15 à 20 p. 100 du poids, d'après les études faites avec une étuve chauffée à 125 degrés centigrades; de Rumford, opérant sur des bois séchés dans les mêmes conditions, mais dans une étuve chauffée à 135 degrés, fournit les chiffres suivants pour quelques espèces :

	PROPORTION D'EAU SUR LE POIDS TOTAL.
Chêne	16.6 p. 100
Sapin	17.5
Orme	18.2
Hêtre	18.5
Érable	18.6
Tilleul	18.8
Bouleau	19.4
Peuplier	19.5

D'après Chevandier et Wertheim, les bois ainsi étuvés reprennent en quelques jours ou semaines la totalité de l'eau évaporée, lorsqu'ils sont abandonnés de nouveau dans les dépôts à l'air libre.

En perdant leur eau, les parois des cellules et la matière intercellulaire se contractent, comme nous avons déjà eu l'occasion de le dire et de l'expliquer; les constatations du retrait depuis le moment de l'exploitation jusqu'à l'état de siccité nécessaire pour l'emploi sont rares, l'étude de cette question reste presque entièrement à faire.

D'après des expériences faites par M. Marcus, administrateur de la cristallerie de Baccarat, sur des pièces de hêtre et de tremble coupées depuis un an et soumises pendant 48 heures à une température moyenne de 100 à 110 degrés centigrades, les retraits moyens auraient été les suivants :

Retrait longitudinal ou parallèle à l'axe de croissance	1/220
Retrait radial ou perpendiculaire à cet axe	1/42
Retrait tangentiel aux couches de croissance	1/18
Soit un retrait sur le volume total de	1/16

Lave, de son côté, a étudié la dilatation que le bois pouvait prendre en réabsorbant l'eau du milieu dans lequel il se trouve; il a poussé l'essai jusqu'à son maximum en plongeant les échantillons dans l'eau jusqu'à saturation. Des expériences du même genre ont été faites par le Laboratoire de l'École des ponts et chaussées, à

Paris, pour se rendre compte du déplacement que la dilatation aqueuse pouvait produire sur les chaussées en bois. On voit par le tableau ci-contre combien cette dilation peut être considérable.

DILATATION DES BOIS
PRÉALABLEMENT DESSÉCHÉS, PUIS PLONGÉS DANS L'EAU JUSQU'À SATURATION.
(D'après LAVE.)

ESPÈCES.	DILATATION LINÉAIRE POUR 100 UNITÉS SUR LA DIMENSION		
	longitudinale.	radiale.	périphérique.
Cèdre	0.017	1.30	3.38
Ébène	0.010	2.13	4.07
Citronnier	0.154	2.18	4.51
Sapin	0.076	2.41	6.18
Frêne jeune	0.821	4.05	6.56
Érable	0.072	3.35	6.59
Frêne vieux	0.187	3.84	7.02
Pommier	0.109	3.00	7.39
Chêne jeune	0.400	3.90	7.55
Chêne vieux	0.130	3.13	7.78
Hêtre pourpre	0.200	5.03	8.06
Robinier pseudo-acacia	0.035	3.84	8.52
Bouleau blanc	0.222	3.86	9.30
Buis	0.026	6.02	10.20
Hêtre commun	0.400	6.66	10.90
Poirier	0.228	3.94	12.70

L'eau contenue dans le bois change donc à la fois le volume et le poids des pièces examinées; on comprend alors combien la détermination de la densité est délicate et peu pratique, et que, malgré les renseignements utiles qui en dérivent, les questions de densité soient laissées de côté dans les transactions commerciales. L'étude de la densité est, dans ces conditions, une question plutôt théorique, dont il doit être tenu compte dans toutes les expériences de résistance faites avec soin, car l'eau contenue dans le bois lui donne de la plasticité.

Ce fait est connu depuis longtemps : tous les ouvriers savent que pour utiliser le bois en pièces courbes, comme les liens ou harts, la vannerie, les brancards de voitures, les pieds de chaises, etc., il faut mettre le bois en œuvre, lorsqu'il est encore gonflé de sève (à l'état vert comme on dit ordinairement), ou après une période d'immersion plus ou moins longue.

Les lanières d'osier, de coudrier, de chêne et châtaignier ne peuvent être utilisées pour la confection des objets de vannerie les plus grossiers ou les plus fins qu'après une immersion prolongée ; à l'état sec, les parties courbes se brisent et les mannes ou paniers confectionnés se disloquent rapidement.

Les éprouvettes immergées soumises à la compression reprennent leur forme après des déformations souvent considérables qui n'auraient pu être atteintes sans rupture à l'état sec. Mais cette plasticité à l'état humide a aussi l'inconvénient de diminuer notablement la résistance aux forces qui agissent sur les pièces mises en place ou essayées ; ce fait est facile à comprendre, puisque les forces agissent alors sur un corps plus mou.

L'eau contenue ou qui s'infiltre dans les bois mis en œuvre a l'inconvénient de faciliter le travail des insectes qui viennent y creuser plus aisément des galeries pour rechercher leur nourriture dans certaines cellules, ou simplement pour déposer leurs œufs au milieu d'un centre d'alimentation. Cette eau permet le développement des végétations inférieures qui en ont besoin pour transformer à leur profit les diverses parties du tissu. Aussi les bois exposés à l'humidité qu'ils absorbent si facilement, se décomposent beaucoup plus rapidement que ceux employés à l'abri dans des bâtiments clos de diverses sortes.

INJECTION DES BOIS.

Toutes les espèces de bois ne se décomposent pas aussi facilement ou aussi rapidement; ce fait tient, comme nous l'avons déjà dit, aux matières antiseptiques et conservatrices, produits accessoires de la végétation, qui imprègnent les tissus et se dissolvent dans les eaux d'imbibition ou empêchent leur pénétration.

Cette observation a amené les ingénieurs à essayer l'injection de matières conservatrices dans certains bois peu durables. Ces essais ont réussi, et l'art de l'injection du bois s'est développé d'autant plus rapidement, que les mines et les chemins de fer utilisent de grandes quantités de bois dans des milieux forcément humides. Sans étudier les diverses matières et méthodes employées, il peut être utile de dire quelques mots sur la façon dont l'injection pénètre dans le tissu.

Les bois feuillus sont pourvus de vaisseaux plus ou moins ouverts, plus ou moins obstrués par des dépôts résiduaires ou thylles. Plus ces vaisseaux sont ouverts et grands, plus le liquide à injecter y pénètre facilement. Il imprègne en même temps les parois, et par endosmose passe d'autant plus facilement dans les cellules voisines, que la paroi est plus fine et les ponctuations plus nombreuses. Les parenchymes radial et vertical sont donc les premiers envahis, puis les fibres dont l'injection est souvent difficile à raison de l'épaisseur de leurs parois et de leurs ponctuations rares et étroites. Il en résulte que l'injection se fait très facilement et régulièrement dans les bois comme le hêtre et le poirier, dont les vaisseaux sont nombreux et assez également répartis dans le tissu, et qui sont composés d'un mélange intime de fibres et de parenchymes entourant les vaisseaux. L'injection est, au contraire, très difficile et irrégulière dans le bois comme le karri et le jarrah dont les vaisseaux sont étroits et remplis de gomme, dans l'acacia dont les fibres forment des faisceaux compacts et relativement larges.

L'injection des bois résineux se produit plus difficilement et plus lentement que celle des bois feuillus, à raison du manque de vaisseaux, des zones dures de bois d'automne, de l'existence de la résine dans les canaux et l'épaisseur des parois diverses. La transmission du liquide conservateur ne peut se faire que par voie d'endosmose, surtout au travers des ponctuations aréolées; mais, en raison du peu d'épaisseur de la paroi séparative des aréoles, lorsque l'on agit par fortes pressions, il doit arriver qu'une partie de ces parois séparatives se brisent, et la circulation peut se faire librement de l'une à l'autre des trachéides en contact (voir *a* dans la planche XLVI). La question de l'épaisseur des parois a son importance aussi, car le bois de printemps est toujours plus riche en produits introduits que le bois d'automne; mais aussi ce dernier, plus riche naturellement en résine, a moins besoin de cette injection.

Au sortir des appareils d'injection, les bois se dessèchent; les matières introduites par les dissolutions restent à l'intérieur du tissu, leur poids vient s'ajouter à celui du bois et modifie la densité. Les dissolutions se concentrent, et les matières introduites par l'eau peuvent cristalliser et se déposer dans les cavités. Elles forment ainsi des réserves qui pourront se redissoudre à nouveau, lorsque les bois seront envahis par l'humidité, de sorte que ni les insectes ni les végétaux ne pourront se développer dans les tissus injectés tant que la réserve du corps antiseptique ne sera pas épuisée par les eaux d'imbibition venant du milieu où le bois est employé.

Un point important à étudier est celui des propriétés des matières d'injection, car il ne faut pas qu'elles nuisent au tissu, qu'elles puissent le décomposer ou l'affaiblir.

L'injection ayant eu surtout pour but d'augmenter la durée des bois, le but cherché a été atteint complètement par les procédés actuellement connus. Elle peut augmenter la dureté dans une certaine mesure en incrustant les parois ou remplissant les cellules; mais il n'est pas établi qu'elle agisse de même sur les autres qualités de résistance des bois; il paraît à première vue qu'elle peut les modifier en durcissant ou amollissant le tissu, suivant la nature de l'antiseptique employé, sels métalliques ou huiles.

L'intérêt principal de l'injection, outre l'augmentation de la « durabilité », est l'emploi de l'aubier comme du bois parfait, ce qui diminue énormément le déchet de façonnage et permet d'utiliser des bois d'un plus faible diamètre et par suite plus jeunes. Le producteur et le consommateur y trouvent donc chacun leur profit.

CONSTITUTION CHIMIQUE DU BOIS.

L'étude anatomique a fait reconnaître que le bois est composé de cellules variées et de matière intercellulaire, dont les propriétés physiques sont différentes, et que ce tissu est imprégné de corps multiples qui le colorent différemment suivant les espèces, et souvent pour la même espèce suivant la profondeur dans la tige des accroissements examinés; enfin l'intérieur des cavités cellulaires peut être plus ou moins rempli de concrétions diverses, de cristaux, d'huiles grasses ou essentielles; tous ces corps peuvent, en outre, être semblables ou différents de ceux qui imprègnent le tissu suivant la nature de leur solubilité.

On conçoit combien, dans ces conditions, l'analyse et la spécification chimique du tissu est difficile, puisque les corps accessoires présents peuvent modifier complètement les résultats, si l'on n'a pas soin de les éliminer au préalable. Or, si un certain nombre sont connus et même parfois utilisés dans l'industrie, beaucoup restent encore ignorés ou incomplètement étudiés; par suite, leur élimination est difficile ou problématique.

D'après Dutrochet et Payen, le tissu ligneux proprement dit, séparé de tous les produits qui peuvent l'imprégner ou le remplir, se compose essentiellement de cellulose associée à une quantité plus ou moins grande d'un corps incrustant, mal défini, appelé par eux *duramen*, d'après le nom donné par certains auteurs au bois parfait; ce corps se diviserait en quatre principes :

1° La *lignose* soluble dans la dissolution de chaux et de soude;

2° La *lignone* soluble dans la dissolution de chaux, de soude et d'ammoniaque;

3° Le *lignin*, soluble dans les mêmes dissolutions et l'alcool;

4° La *ligniréose*, soluble dans les mêmes dissolutions et l'alcool.

Cette théorie permettait d'expliquer facilement la différence entre l'aubier et le bois parfait, et les modifications de ce dernier suivant la proportion de ces diverses matières dans le duramen des différentes espèces. Elle n'était pas satisfaisante au point de vue anatomique, puisqu'elle ne différenciait pas les deux matières visibles par un simple examen au microscope. La cause de l'erreur provenait de ce que l'analyse avait porté sur l'ensemble du tissu de l'aubier, puis sur la totalité du bois parfait. Aussi cette théorie est aujourd'hui abandonnée depuis que divers auteurs ont montré qu'il était possible de différencier le tissu ligneux par des réactions de microchimie.

D'après Schacht, si l'on étudie trois coupes très minces de pin sylvestre par les trois procédés suivants, on arrive à démontrer les propriétés chimiques variables de diverses parties du tissu (planche XLVII).

1° La première coupe est mouillée pendant quelque temps avec de l'acide azotique.

La matière intercellulaire se colore en jaune brun et la membrane primaire de la cellule ligneuse se distingue nettement de ses couches d'épaississement moins fortement colorées en jaune que la matière intercellulaire.

2° Si la seconde coupe est traitée par l'acide sulfurique, la substance intercellulaire se colore en brun et reste à l'état de réseau vide par suite de la disparition des parois des cellules.

3° Si on traite la troisième coupe par un mélange d'acide azotique et de chlorate de potasse, la matière intercellulaire disparaît et les cellules restent intactes, mais leurs épaississements se gonflent. Il en est de même lorsqu'on chauffe un petit morceau de bois dans la potasse caustique ou dans les sulfites de soude sous pression.

Une autre expérience montre encore la différence qui existe entre ces deux parties du bois, paroi des cellules et matière intercellulaire (planche XLVIII).

Si l'on immerge pendant quelques minutes des coupes minces de bois parfait de pin cembro et de chêne pédonculé conservées dans l'alcool, dans une solution à saturation de vert de méthyle dans l'alcool à 90 degrés, les coupes se colorent en vert clair, et les limites des épaississements et des parois cellulaires apparaissent sous forme de lignes d'un vert plus foncé, la matière intercellulaire se teinte d'un vert plus pâle. Pour exagérer la différence, il suffit, après un lavage à l'eau, de plonger les coupes dans une solution à saturation d'acide picrique dans l'alcool à 90 degrés.

Dans le pin cembro, la matière intercellulaire devient franchement jaune, et dans le chêne pédonculé elle apparaît incolore ou à peine teintée de vert jaunâtre, tandis que le surplus des deux coupes conserve les colorations vertes acquises dans le premier bain.

D'après Strasburger, le chloroiodure de zinc iodé permet de différencier la paroi même des cellules. Si l'on place sur une lamelle porte-objet des sections très minces (plus elles sont minces, mieux la réaction apparaît) de pin cembro ou laricio et de chêne pédonculé et que l'on ajoute le chloroiodure ci-dessus, en le laissant agir sous la lamelle couvre-objet pendant plusieurs heures, on remarque les faits suivants (planche XLIX) :

Pour la coupe de cembro, l'ensemble se colore en jaune brun; mais la plupart des parois des cellules des rayons médullaires et toutes celles constituant les canaux résinifères se colorent en violet; de plus, dans maints endroits, les petites parois séparatives du fond des aréoles se colorent en violet, ainsi que le dernier épaississement strié des parois des trachéides les plus épaisses.

Dans le chêne, les parois des fibres se colorent en jaune brun, la matière intercellulaire en brun, et les parois du parenchyme vertical en brun verdâtre avec une tendance à tourner au violet, surtout dans les jeunes bois. La coloration est franchement violette pour les parenchymes des pousses de cette essence encore en voie d'allongement.

Ces diverses expériences montrent que la distinction reconnue par l'examen anatomique et les essais techniques subsistent encore au point de vue chimique, et même que de nouvelles distinctions viennent encore s'établir et compliquer la question. Ces réactions sont d'autant plus difficiles à obtenir, que le tissu est imprégné ou ses cavités remplies par des matières diverses secrétées pendant la vie végétale; les bois feuillus qui en contiennent une plus grande variété laissent apercevoir plus difficilement que les bois résineux les colorations caractéristiques.

Les recherches de Frémy, d'Urbain, de Payen et de Billequin ont permis de définir les diverses substances constitutives du bois. Après avoir éliminé à peu près complètement par des lavages neutres n'attaquant pas le tissu (eau, alcool, éther), puis d'autres légèrement acides ou basiques (acide chlorhydrique étendu et eau légèrement ammoniacale), les bois à analyser, ils ont obtenu une matière qui ne comprenait plus que les éléments constitutifs à déterminer.

Ils les ont divisés en deux :

1° La première qui forme les parois est la *cellulose* dont la composition est donnée par la formule chimique $(C^{12}H^{10}O^{10})^n$; elle se rencontre dans le règne végétal sous trois formes :

La *cellulose simple* $(C^{12}H^{10}O^{10})^6$.

La *paracellulose* ou cellulose condensée $(C^{12}H^{10}O^{10})^7$.

La *métacellulose* plus condensée encore $(C^{12}H^{10}O^{10})^{7+x}$.

La première forme la moelle, le tissu des jeunes cellules et une partie du parenchyme et des vaisseaux; elle est soluble dans le réactif de Schweitzer (oxyde de cuivre ammoniacal).

La seconde forme le surplus du bois, elle n'est plus soluble dans l'oxyde de cuivre ammoniacal qu'après avoir subi l'action de certains réactifs et notamment des acides.

La troisième est insoluble dans ce réactif; elle n'a été trouvée que dans les végétaux inférieurs et pas encore dans les bois analysés.

D'après Frémy, la proportion relative entre les deux premières celluloses qui se rencontrent dans les bois est très variable.

Le sapin contient beaucoup plus de paracellulose que de cellulose, le chêne renferme 25 p. 100 de la première et 23 p. 100 de la seconde, le peuplier 36 p. 100 de l'une et 25 p. 100 de l'autre.

2° La seconde matière qui existe dans tous les tissus végétaux est la matière intercellulaire ou conjonctive des cellules. Frémy et Urbain la nomment *vasculose;* sa formule chimique serait, d'après eux, $C^{36}H^{20}O^{16}$; d'après Van Tieghem, elle serait $C^{19}H^{12}O^{10}$.

Les recherches de Frémy et Urbain ont permis de reconnaître, comme l'examen anatomique le démontre, que cette matière varie de quantité avec les espèces. Leurs analyses ont donné les chiffres suivants :

	VASCULOSE. — pour cent.	CELLULOSE ET PARACELLULOSE. — pour cent.
Bois de peuplier	18	64
Bois de chêne	28	53
Bois de buis	34	28
Bois d'ébène	35	20
Bois de gaïac	36	21
Bois de bois de fer	40	27
Moelle de sureau	25	75 [1]

[1] Ces 75 p. 100 se décomposent en 38 p. 100 de paracellulose et 37 p. 100 de cellulose.

D'après ces auteurs, la vasculose tendrait à augmenter dans le bois parfait, c'est-à-dire que la cellulose s'y déshydraterait et désoxygénerait. Mais il semble que l'on pourrait admettre aussi que sa production continuant dans cette partie du bois, et qu'agissant comme une sorte de gomme, elle y imprégnerait de plus en plus le tissu.

Le tableau ci-dessus montre que la vasculose devient plus abondante au fur et à mesure que le tissu ligneux devient plus dur, ce qui tendrait à confirmer la deuxième hypothèse, car l'examen microscopique ne laisse pas apparaître une matière intercellulaire plus large dans ces bois.

La densité de ces différents corps organiques varie de 1.25 à 1.45, d'après les chimistes cités.

On trouve donc encore dans ce fait une nouvelle cause de variation de la densité dans les différentes espèces. Ces corps forment le tissu même; mais comme il a déjà été constaté, de nombreux autres corps peuvent les imprégner ou même remplir la vacuité des cellules et modifier leurs qualités de résistance; les décrire tous serait impossible, puisque beaucoup sont encore inconnus ou non étudiés; il faut toutefois en citer quelques-uns pour compléter cet exposé.

Dans l'aubier, il existe une grande quantité de diastases; chaque matière, chaque végétal possède pour ainsi dire les siennes, destinées à transformer ou former certaines parties spéciales de la sève ou du tissu au moment de la croissance et pendant la période de vie active végétale. Ce sont des corps azotés quaternaires, tels que l'*amylase*, l'*invertine*, la *pepsine*, l'*émulsine*, etc. A côté d'elles, d'autres corps quaternaires azotés forment les réserves nutritives, comme l'*asparagine*, la *glutamine*, la *leucyne*, la *tyrosine*, etc., ou des produits résiduaires comprenant des alcaloïdes, comme la *quinine*, la *cinchonine*, la *pipéridine*, la *coféine*, etc., et certaines matières colorantes, l'*anthocyanine* et l'*érythrophylle*, etc.

Lorsque la croissance cesse et que l'aubier se change en bois parfait, ces corps disparaissent; on ne trouve plus que des corps ternaires et binaires qui peuvent coexister dans l'aubier avec les précédents, et qui ont d'autant plus de tendance à disparaître, qu'ils sont plus nutritifs et plus facilement transformables, et par suite attirés à la périphérie de la tige par les phénomènes de croissance.

Ces corps sont : l'*amidon*, l'*inuline*, les *dextrines*, les *gommes* (*arabine* de l'acacia, *viscine* du houx et du gui), les matières grasses, beurres et huiles végétales (beurre de cacao, huile d'olive, de noix, etc.), les essences (camphre), etc.;

Les corps sucrés, comprenant les glucoses et saccharoses diverses (sucre d'érable et *mélitose*), les *mannites* du frêne, de l'érable, la *dulcite* du fusain, la *pinite* des pins, la *quercite* des chênes, etc.;

Les glucosides, corps neutres ou faiblement acides, qui se dédoublent facilement, tels que la *salicine* du saule, l'*esculine* du marronnier, la *coniférine* des abiétinées, le *tanin* du chêne, châtaignier, bouleau, etc.;

Les matières colorantes, telles que la *brésiline* (bois du Brésil), la *santaline* (bois de santal), la *quercitrine* (chêne quercitron), *morine* (mûrier), etc.;

Enfin, les acides organiques, tels que l'acide *oxalique*, *acétique*, *malique*, etc.

Les combinaisons binaires donnent des essences, le caoutchouc et certaines résines encore mal définies dont la présence dans le bois est signalée par des odeurs caractéristiques agréables (cerisier mahaleb, bois d'iris, cèdre, genévrier, etc.) ou désagréables (cerisier à grappe, nerprun, bourdaine, etc.).

Mais tous ces corps ne sont que des combinaisons de carbone, d'hydrogène, d'oxygène, d'azote, et rarement de chlore et de soufre; par la combustion, ils ne devraient donner aucun résidu. Or la combustion du bois laisse toujours un amas plus ou moins considérable de matières incombustibles et solides appelé cendres.

L'examen anatomique permet bien de constater, dans l'intérieur des lumens, de certaines cellules des cristaux que l'analyse chimique démontre être des carbonates ou des oxalates de chaux, etc., et même, dans l'intérieur de certaines parois, des cristallisations, comme la silice des fibres du bois de teack; mais lors même que l'œil ne reconnaît rien dans le tissu, si on en brûle une section transversale mince, on obtient par la combustion complète un résidu blanc dans lequel on discerne encore la forme de toutes les

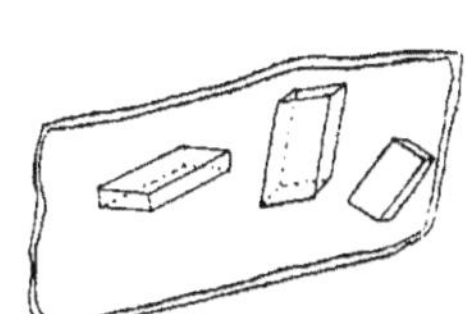

Cellules extrêmes du rayon médullaire du sapin pectiné avec des cristaux de carbonate de chaux.

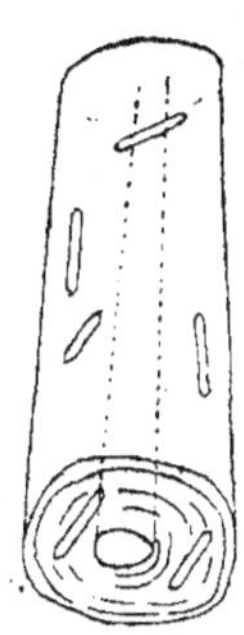

Partie de fibre de teack avec des fines aiguilles de silice incrustées dans la paroi.

cellules, et même, dans certains cas, une répartition différente du résidu sur l'emplacement de la matière intercellulaire et des parois. Ce fait démontre que la totalité du tissu est plus ou moins imprégnée de sels minéraux venant du sol par endosmose et que l'on avait éliminés dans les analyses chimiques précédemment relatées.

Chevandier, par des expériences faites dans les Vosges, a démontré que la teneur en cendres variait avec les espèces :

	CENDRES.
Bois de saule	2.00 p. 100
Bois de tremble	1.73
Bois de chêne	1.65
Bois de charme	1.62
Bois d'aune	1.38
Bois de hêtre	1.06
Bois de pin sylvestre	1.04
Bois de sapin	1.02
Bois de bouleau	0.85

Violette a fait ressortir que, dans le même arbre, la proportion de cendres du bois variait avec les parties de la tige incinérée, ainsi que les chiffres suivants le prouvent pour le cerisier merisier :

	CENDRES.
Bois des brindilles........................	0.304 p. 100.
Bois des branches moyennes..................	0.134
Bois des grosses branches....................	0.354
Bois du tronc..............................	0.296
Bois des grosses racines.....................	0.231
Bois des moyennes racines....................	0.223

Berthier, Malagutti et Durocher démontrèrent à leur tour que la composition des cendres variait avec les différentes espèces considérées (voir le tableau ci-contre).

COMPOSITION CHIMIQUE DES CENDRES DE QUELQUES ESPÈCES FORESTIÈRES.

(D'après MM. Malaguti et Durocher.)

[Extrait de la *Répartition des éléments inorganiques dans les principales familles végétales.*]

ESPÈCES.	CHLORE.	ACIDE		SILICE.	POTASSE.	SOUDE.	CHAUX.	MAGNÉSIE.	OXYDES D'ALUMINE, DE FER, de manganèse.	PARTIES	
		SULFURIQUE.	PHOSPHORIQUE.							SOLUBLES.	INSOLUBLES.
Chêne pédonculé.....	Traces.	1.62	9.33	3.05	19.83	Traces.	54.00	7.46	4.71	17.00	83.00
Chêne rouvre........	0.30	1.61	7.41	1.38	11.60	2.18	70.14	4.97	0.41	14.77	85.23
Pin du Nord.........	1.00	10.29	6.11	5.81	16.24	6.49	44.75	7.12	1.60	27.56	72.44
Pin sylvestre........	1.21	1.45	3.74	8.70	17.33	1.52	60.74	4.36	0.93	15.80	84.20
Épicéa commun......	2.07	1.60	2.60	12.55	12.84	5.65	58.27	2.81	1.60	17.20	82.80
Peuplier d'Italie......	0.29	0.74	11.52	0.30	10.17	0.52	71.25	4.84	0.17	10.54	89.46
Peuplier tremble.....	Traces.	0.32	13.30	1.61	13.44	Traces.	66.50	3.23	1.60	7.00	93.00
Peuplier de Virginie..	0.47	4.07	14.47	1.86	11.32	1.58	49.10	7.66	4.47	11.00	89.00
Peuplier noir........	Traces.	1.40	11.00	3.69	16.90	Traces.	52.54	11.67	2.80	15.00	85.00
Peuplier blanc.......	Traces.	0.85	15.20	2.68	18.00	Traces.	51.83	9.84	1.70	20.50	79.50
Saule cendré........	0.70	3.07	16.35	0.70	11.37	5.61	50.77	10.13	1.30	16.00	84.00
Orme...............	0.77	5.42	9.61	6.16	24.08	2.10	37.93	10.01	3.92	29.55	70.45
Alisier torminal......	0.60	0.31	4.47	3.04	9.25	1.26	64.48	13.00	3.65	12.36	87.64
Merisier............	0.14	1.25	4.91	6.24	10.41	6.22	60.31	8.68	1.84	14.83	85.17
Acacia..............	0.47	3.56	11.51	2.71	10.53	5.66	58.30	6.79	0.47	16.90	83.10
Moyennes......	0.50	2.50	9.44	4.03	14.22	2.59	56.73	7.50	2.08	17.57	82.43

Nota. — Les analyses ont porté sur des branches de 0.02 à 0.015 de diamètre non écorcées.

MM. Fliche et Grandeau établirent par leurs recherches que la quantité de la cendre variait pour la même espèce avec les sols nourrissant les arbres, et qu'en outre ces sols influaient beaucoup sur la quantité des corps divers contenus dans les cendres d'une même espèce. Ce fait se conçoit du reste assez aisément, puisque les racines absorbent par endosmose les dissolutions variables avec les sols portant les végétaux.

Ainsi le pin maritime donne 1.53 p. 100 de cendres dans les sols crayeux et 1.32 p. 100 dans les sols marnosiliceux; dans les mêmes conditions, le châtaignier produit 5.71 p. 100 et 4.74 p. 100 de cendres.

Le tableau ci-dessous donne la composition de ces cendres :

SUBSTANCES MINÉRALES DE LA CENDRE.	PIN MARITIME CRÛ EN SOL		CHÂTAIGNIER CRÛ EN SOL	
	CRAYEUX.	MARNO-SILICEUX.	CRAYEUX.	MARNO-SILICEUX.
Chlore	//	//	0.08	//
Acide sulfurique	//	//	0.64	1.43
Acide phosphorique	9.14	9.00	4.27	4.53
Silice	6.42	9.18	1.36	3.08
Potasse	4.95	16.04	2.69	11.65
Soude	2.52	1.91	0.28	//
Chaux	56.14	40.20	87.30	73.26
Magnésie	18.80	20.09	2.07	3.99
Oxyde de fer	2.07	3.83	1.27	2.04

NOTA. — Les cendres provenaient de rameaux non écorcés et munis de leurs feuilles.

Malgré cette variabilité, la proportion de cendres étant toujours très faible par rapport au poids total du bois, nous ne pensons pas qu'elle ait une très grande influence sur les qualités de résistance. Dans quelques cas rares, comme pour le teack, où le dépôt minéral est apparent et constitué par des incrustations, il est certain que la dureté du bois peut être augmentée, et même que sa mise en œuvre peut être rendue plus difficile, car il use plus rapidement les outils.

Si l'étude anatomique a montré combien la texture du bois pouvait modifier ses qualités, l'exposé de sa constitution chimique démontre combien ces qualités peuvent encore varier soit avec la composition chimique intime du tissu, soit avec les corps accessoires qui l'imprègnent ou garnissent ses cavités.

Les huiles et corps gras, les essences peuvent l'assouplir, l'amollir, le rendre odorant jusqu'à un point tel, qu'il est désagréable d'employer dans les intérieurs le cèdre et le genévrier sabine.

Les résines le durcissent en le rendant plus combustible, plus translucide, plus résistant à l'humidité, et après l'évaporation de l'essence de térébenthine ou de ses analogues, plus cassant et plus difficile à travailler.

La cire lubréfie les surfaces vues des ouvrages en érable et en sophora.

Les tanins, la robinine et d'autres violents antiseptiques rendent certains bois d'autant plus durables, que les matières sont elles-mêmes plus stables, plus abondantes et moins facilement solubles dans l'eau.

Par leur variété, les matières colorantes ont permis de créer l'art de la marqueterie ou mosaïque en bois; leurs éclats et leurs nuances font le prix de maintes espèces, comme l'acajou, le bois de rose, l'ébène, le noyer, le palissandre, le chêne, le thuya, l'if, etc.; leur abondance est telle dans certains bois, qu'ils sont utilisés comme matière colorante (bois de santal, d'épine-vinette, etc.).

Par leur présence, les principes sucrés, azotés et fermentescibles rendent impropre à tout service le bois le mieux constitué, comme les aubiers de chêne, de pin, etc..

Enfin l'instabilité de certains produits végétaux, leur combinaison entre eux peuvent modifier la qualité technique du tissu et le rendre impropre à des usages qui sembleraient bien appropriés à sa texture (bois de hêtre non injecté, etc.).

La complexité de ces questions anatomiques et chimiques a été la raison pour laquelle, jusqu'à ce jour, les praticiens ont toujours préféré les renseignements fournis par l'expérience à ceux déduits d'études scientifiques si délicates. Mais cette raison n'est pas suffisante pour y renoncer, et, dans maintes circonstances, les études entreprises ont pu rendre de grands services. Les pays étrangers ont pu répandre dans le monde des espèces peu connues précédemment, qui, grâce aux renseignements scientifiques très complets fournis au commerce, viennent supplanter quelquefois bien à tort les meilleurs produits indigènes.

CONCLUSIONS.

Les exposés précédents ont établi combien la matière ligneuse est différente des autres au point de vue de la résistance. On ne se trouve pas, comme pour les métaux, en face d'un corps compact, mais bien, au contraire, d'un corps poreux, spongieux, dont la porosité et les vacuités varient avec chaque espèce, chaque échantillon, et souvent même avec les diverses parties de cet échantillon; enfin dont l'état hygrométrique du milieu modifie la plasticité.

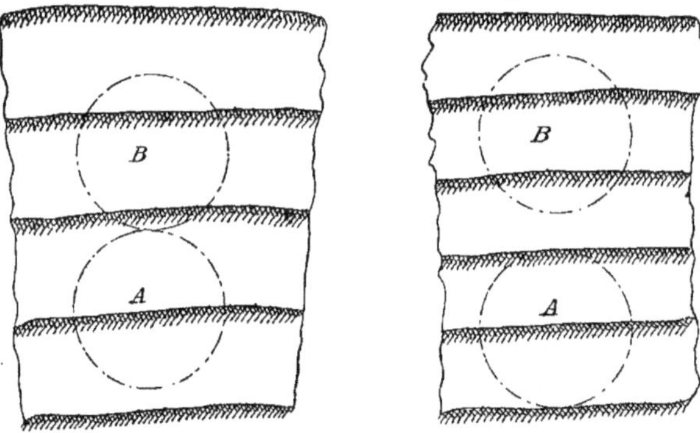

Position de petits échantillons pour les expériences à la traction pris dans des bois à croissance rapide et qui doivent donner des résultats très différents.

Les études à faire sont donc beaucoup plus nombreuses que pour les métaux, et les chiffres obtenus ne sont que des moyennes à appliquer avec la plus grande discrétion, si l'on ne peut bien établir dans quelles conditions elles ont été obtenues.

La dimension des éprouvettes a une importance sur laquelle on ne saurait trop insister, surtout pour les bois où la zone de printemps et celle d'automne sont bien caractérisées; l'éprouvette doit être assez grande pour comprendre plusieurs accroissements complets : 0 m. 05 à 0 m. 10 de côté doivent au moins être donnés à toute éprouvette; les éprouvettes de moindre dimension, de 0 m. 02 par exemple, sont beaucoup trop petites pour des arbres à croissance rapide; prises côte à côte sur le même rayon, elles donnent des renseignements qui peuvent être absolument contradictoires suivant la proportion de bois de printemps ou d'automne qui sera soumise à l'essai.

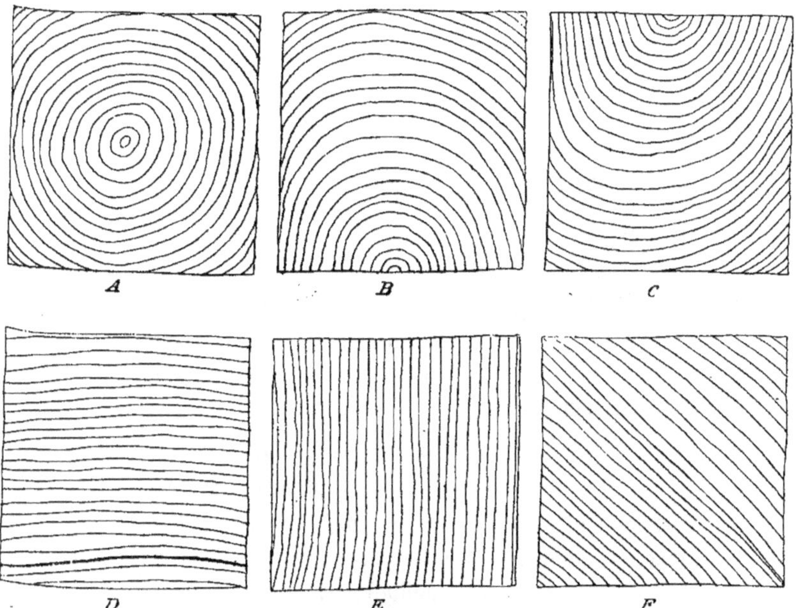

Positions diverses des accroissements des éprouvettes prélevées dans un tronc de sapin.

Il est aussi très intéressant de noter, lors des expériences, la forme des accroissements dans les éprouvettes : souvent, dans les séries d'expériences examinées, nous avons pu constater que les différences relevées dans les résultats ne tenaient qu'à la direction ou à l'emplacement du débit de l'éprouvette dans la tige. Il est évident, par l'inspection des six schémas ci-dessus, qu'une force de compression ou de flexion, agissant normalement à la face supérieure, ne rencontrera pas la même résistance dans les six cas représentés.

Dans le premier cas, A, en supposant que le bois est du sapin muni d'un bois d'automne bien caractérisé, la force agira sur une série d'enveloppes cylindriques encastrées les unes dans les autres; dans le second cas, B, sur des voûtes successives; dans le cas D, l'affaissement des plans durs et compacts du bois d'automne séparés par le bois de printemps doit s'opérer beaucoup plus rapidement que dans le cas E, où il résiste lui-même à la force.

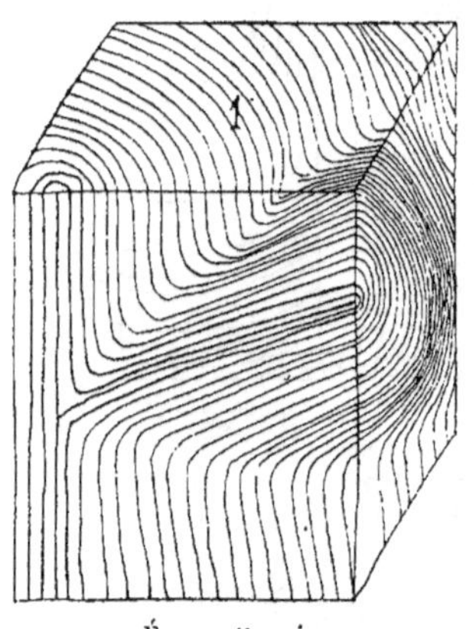

Éprouvette prise près d'un embranchement.

Par suite même de ces différences de résistance, il convient de ne pas soumettre aux essais les bois noueux ou pris près des embranchements. Si le fait existe dans une éprouvette, il conviendra de noter la direction verticale des couches et de ne pas comprendre dans les moyennes les chiffres obtenus, car, suivant l'importance de l'inflexion, le résultat peut se rapprocher soit de la résistance parallèle, soit de celle perpendiculaire à la direction des fibres, et cette donnée intermédiaire n'aurait rien de la précision scientifique. Si le nœud était invisible au moment de la mise en place de l'éprouvette, l'expérience serait de même viciée, et il conviendrait de rejeter le chiffre obtenu, ou de le prendre simplement comme un renseignement de comparaison en notant la dimension de ce nœud.

Lorsque la direction des fibres est torse, madrée ou ondulée, il est nécessaire encore d'en tenir compte, car tous ces états modifient les résultats.

Ces quelques considérations ont conduit les différentes personnes qui se sont occupées d'essai technique sur les bois à spécifier exactement l'emplacement à donner dans un tronc aux diverses éprouvettes destinées aux épreuves.

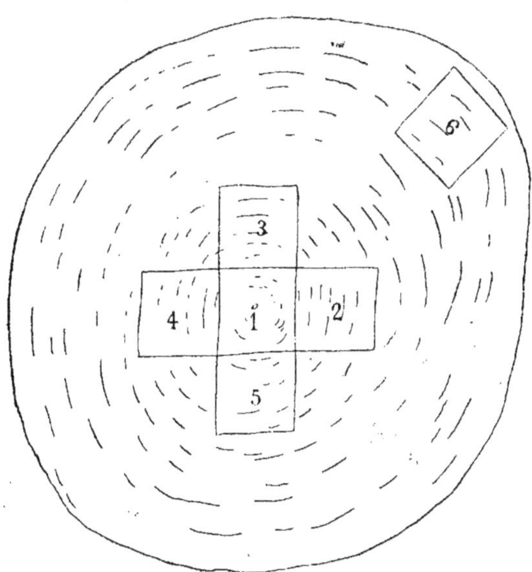

Emplacement des éprouvettes à prélever dans une bille de bois.

Le croquis ci-dessus, qui donne les emplacements désignés par l'Institut suisse d'essai des matériaux établi à Zurich, semble devoir être adopté aussi pour les essais des autres pays. Il permet, en effet, d'étudier les conditions de résistance sous toutes les formes principales notées dans les schémas ci-dessus.

Si l'on rapproche les conclusions de l'étude précédente de celles présentées à la Commission par M. Bès de Berc, le 15 avril 1895, il semble que ces dernières devraient être complétées ou modifiées sur quelques points.

I. — Caractères physiologiques et essais organoleptiques.

En tête du premier paragraphe, il serait bon de mettre :

« L'espèce botanique du bois étudié devra être donnée avec la plus grande précision, et avec l'indication du botaniste descripteur. »

Le deuxième paragraphe relatif à l'examen microscopique devrait être complété ainsi :

« On procédera à un examen microscopique à l'aide de copeaux ou tranches minces prélevées au microtome dans les trois sens ci-après :

« Section transversale perpendiculaire à l'axe de croissance;

« Section tangentielle aux accroissements et parallèle à l'axe de croissance;

« Section radiale passant par l'axe de croissance et un rayon de la bille perpendiculaire à cet axe.

« Ces copeaux, etc... »

Même paragraphe (*a*) :

« On notera spécialement le nombre des couches annuelles depuis le pourtour jusqu'au centre, si on est en possession d'une tranche complète de l'arbre, leur épaisseur maxima, minima et moyenne, leur disposition régulièrement concentrique ou excentrique, les variations de leur épaisseur, leur direction plus ou moins rectiligne parallèlement à l'axe de croissance, l'importance relative du bois d'automne et du bois de printemps, ou l'homogénéité plus ou moins grande du tissu. »

Même paragraphe (*c*) :

« Le mode de groupement et la grosseur des vaisseaux, la disposition relative des fibres du parenchyme et des rayons médullaires, et, autant que possible, la proportion existant entre ces diverses parties du tissu. »

Même paragraphe (*d*) :

« Le degré d'obstruction des vaisseaux par les thylles ou diverses matières; la nature de ces matières et de celles qui incrustent ou imbibent les parois (sels calcaires, etc.). »

Même paragraphe (*e*) :

La qualité du bois représentée par les mots « gras » et « maigre » semble mal définie. Le mot « gras » s'appliquant à la fois au bois de chêne crû lentement et facile à travailler, et à des bois résineux trop imprégnés de résine, il vaudrait mieux dire :

« La qualité du bois au point de vue du travail, sa couleur, etc. . . ses différents retraits (longitudinal, radial et circonférentiel). »

Si une étude chimique était entreprise, elle devrait indiquer notamment : « La proportion entre la cellulose, la paracellulose et la vasculose, la quotité des cendres, les divers produits contenus dans les cavités des cellules, et ceux qui les imprègnent. »

Pour les essais mécaniques, il conviendrait qu'un schéma indiquant la disposition des éprouvettes dans la tige fût discuté et adopté; celui de l'Institut d'essai de Zurich paraît bien étudié et peut être accepté. En tête de ce paragraphe, il conviendrait d'énoncer que :

« Si l'on étudie des billes de bois en grume, les échantillons seront prélevés dans ces billes aux places indiquées par le schéma ci-dessus; si l'on étudie des pièces déjà équarries, les échantillons seront prélevés de façon à se rapprocher le plus possible des emplacements ci-dessus indiqués. »

A. *Résistance à la flexion, avant-dernier paragraphe.* — Pour répondre aux diverses observations faites pendant l'étude analytique précédente, il semble nécessaire de compléter ainsi ce paragraphe :

« L'épreuve portera sur six éprouvettes à l'état sec, prélevées de la façon suivante : une première éprouvette prise au centre de l'arbre, de manière à agir sur des accroissements entièrement circulaires; deux prises près de ce centre, de manière à agir sur l'une en fléchissant vers le centre, et sur l'autre en fléchissant vers la périphérie de la tige; deux autres prises dans le bois parfait seront soumises à des flexions normale et parallèle aux plans des accroissements successifs; enfin une dernière sera prise dans l'aubier et subira une flexion perpendiculaire aux plans des accroissements. »

B. *Résistance à l'écrasement.* — Il peut être intéressant d'augmenter le nombre des expériences pour connaître l'écrasement perpendiculaire aux fibres, le paragraphe 3 devra être complété ainsi :

« L'épreuve faite perpendiculairement aux fibres s'exécutera sur trois éprouvettes placées à plat entre les deux plateaux. La première sera prise au centre de la tige, de manière à agir sur des accroissements complets; les deux autres prélevées latéralement seront pressées : la première, vers le centre de la tige, et la seconde, perpendiculairement à cette direction. »

C. *Résistance à la traction.* — Le premier paragraphe sera modifié ainsi :

« Pour les bois à croissance rapide, l'épaisseur de l'éprouvette sera portée à cinq centimètres, afin d'avoir une série de plusieurs accroissements soumis à l'essai. »

D. *Résistance au cisaillement.* — Il convient d'ajouter : « L'essai sera fait sur quatre éprouvettes de la façon suivante : deux seront soumises au cisaillement dans le sens perpendiculaire aux fibres; dans la première, la force agira dans le sens radial, et dans la seconde, dans le sens tangentiel de la tige. Les deux autres seront éprouvées au cisaillement dans le sens parallèle aux fibres, les directions étant radiales ou tangentielles comme dans les deux premières épreuves. »

E. *Résistance à l'usure.* — Le deuxième paragraphe pourrait être ainsi modifié :

« Deux éprouvettes seront essayées à l'état sec, l'une perpendiculairement et l'autre parallèlement à la direction des fibres, etc. »

F. *Résistance aux chocs et aux autres essais mécaniques.* — A ajouter : « Dans ces diverses expériences, l'attention des expérimentateurs est attirée sur l'utilité et la nécessité qu'il y a à répéter les essais suivant différentes directions perpendiculaires entre elles. »

En résumé, nous proposons les conclusions suivantes, qui ne font que compléter celles de M. Bès de Berc :

I. — CARACTÈRES PHYSIOLOGIQUES ET ESSAIS ORGANOLEPTIQUES.

On relatera, autant que possible, toutes les indications relatives à la provenance, à l'âge et à l'époque de l'abatage des bois, aux conditions dans lesquelles l'arbre a vécu (nature du sol, climat, genre de culture, etc.), et, s'il s'agit de petits échantillons, à la partie de l'arbre à laquelle appartient l'échantillon. L'espèce botanique du bois étudié devra être donnée avec la plus grande précision et avec l'indication du botaniste descripteur.

On procédera à un examen microscopique de copeaux ou tranches extrêmement minces, prélevés au microtome, sur les bois à étudier, dans les trois sens ci-après indiqués :

Section transversale perpendiculaire à l'axe de croissance;

Section tangentielle aux accroissements et parallèle à l'axe de croissement;

Section radiale passant par l'axe de croissance et un rayon de la bille perpendiculaire à cet axe.

Ces copeaux, examinés par transparence, feront ressortir les caractères physiologiques et les propriétés organoleptiques des bois.

On notera spécialement :

a. Le nombre des couches annuelles, depuis le pourtour jusqu'au centre, si on est en possession d'une tranche complète de l'arbre;

Leur épaisseur maxima, minima et moyenne, leur disposition régulièrement concentrique ou excentrique, les variations de cette épaisseur;

Leur direction plus ou moins rectiligne parallèlement à l'axe de croissance, l'importance relative du bois de printemps ou du bois d'automne, ou l'homogénéité plus ou moins grande du tissu;

b. L'épaisseur de l'aubier;

c. Le mode de groupement et la grosseur des vaisseaux, la disposition relative des fibres, du parenchyme et des rayons médullaires, et, autant que possible, la proportion existant entre les diverses parties du tissu;

d. Le degré d'obstruction des vaisseaux par les thylles ou matières diverses, la nature de ces matières et de celles qui incrustent ou imbibent les parois (sels calcaires ou sels minéraux divers, silice, principes huileux ou résineux, gommes, etc.);

e. La qualité du bois au point de vue du travail : sa couleur, son odeur et la nature du grain, ses différents retraits dans les trois sens : longitudinal, radial et circonférentiel;

f. Si l'étude chimique était entreprise, elle devrait indiquer notamment : la proportion entre la cellulose, la paracellulose et la vasculose, la quotité des cendres, les divers produits végétaux ou minéraux contenus dans les cavités des cellules et ceux qui imprègnent les parois.

II. — VICES ET TARES.

On recherchera les vices et tares (pourriture humide ou sèche, grisette[1] et ses variétés, nœuds, cadranures, roulures, gélivures, frottures, lunure ou double aubier, entre-écorce, fibres torses, fentes et gerçures, piqûres de vers, etc.).

III. — APTITUDE À LA CONSERVATION.

Si le bois est vierge, on recherchera, par une expérience directe, quelle est son aptitude à l'injection.

Si le bois est injecté, on examinera la nature de la préparation antiseptique qu'il a absorbée et la profondeur de l'absorption.

IV. — ESSAIS PHYSIQUES.

On procédera, suivant les méthodes employées pour les pierres, à la détermination de la densité apparente, à l'état sec[2] et à l'état d'imbibition complète, ce dernier état étant défini par la constance de poids de l'éprouvette imbibée.

(La durée de l'immersion est variable suivant la porosité du bois expérimenté.)

[1] Le commandant Praslon, membre de la Commission, a demandé que l'on ajoute : «les mycoses ou colorations maladives du bois.» — [2] M. Clérault demande que le terme «état sec du bois» soit précisé.

On mesurera également, par les mêmes procédés, le pourcentage d'humidité contenue dans l'échantillon soumis à l'examen, à l'état où il se trouve au moment de sa présentation.

V. — ESSAIS MÉCANIQUES.

Si l'on étudie des billes de bois en grume, les échantillons seront prélevés dans ces billes aux places indiquées par le schéma (voir p. 111); si l'on étudie des pièces déjà équarries, les échantillons seront prélevés de façon à se rapprocher le plus possible des emplacements indiqués sur ledit schéma.

A. *Résistance à la flexion. — Module d'élasticité.* — On mesurera la résistance à la flexion et le module d'élasticité sur des éprouvettes carrées de 0 m. 10 de côté et de 1 m. 50 de longueur entre les points d'appui, chargées en leur milieu de poids régulièrement croissants.

Ces éprouvettes seront débitées à la scie, à vives arêtes, et suivant des faces rigoureusement perpendiculaires deux à deux.

L'orientation des couches annuelles par rapport à la direction de l'effort de flexion devra être soigneusement notée, cette orientation étant de nature à modifier les résultats de l'épreuve.

On devra préserver les fibres de l'éprouvette de toute morsure des couteaux ou pivots qui servent de points d'appui ou de pression, en interposant, entre elles et les couteaux ou pivots, des cales en bois suffisamment épaisses ou des cales métalliques.

L'intensité des charges doit être calculée de telle sorte que le temps total de l'épreuve, arrêtée au moment où cesse la proportionnalité entre les charges et les flèches, n'excède pas 8 à 10 minutes.

L'enregistrement des flèches sera fait au dixième de millimètre.

Le module d'élasticité E sera calculé suivant la formule usuelle

$$E = \frac{L^3}{4bh^3}\frac{P}{f},$$

où L est la distance entre les points d'appui,
P la charge au milieu,
f la flèche,
b la largeur et h la hauteur de l'éprouvette.

L'épreuve portera sur six éprouvettes au moins à l'état sec, et sur trois éprouvettes à l'état d'imbibition complète. Les épreuves à l'état sec seront faites de la façon suivante : la première éprouvette, prise au centre de l'arbre, permettra d'étudier la flexion sur des accroissements entièrement circulaires; deux éprouvettes prises près du centre seront essayées, l'une en fléchissant vers le centre, l'autre en fléchissant vers la périphérie de la tige. Deux autres, prises dans le bois parfait, seront soumises à des flexions normale et parallèle aux plans des accroissements successifs; enfin une dernière sera prise dans l'aubier et subira une flexion perpendiculaire aux plans des accroissements.

On mesurera la résistance à la rupture par flexion en poussant l'épreuve jusqu'à la rupture, sur les mêmes éprouvettes, et en notant le poids qui aura déterminé la rupture.

B. *Résistance à l'écrasement.* — On mesurera la résistance à l'écrasement, caractérisée par un commencement de séparation des fibres, parallèlement et perpendiculairement aux fibres, sur des éprouvettes carrées de 0 m. 10 de côté et de 0 m. 15 de hauteur, débitées à la scie de façon que leurs fibres soient bien parallèles aux grandes faces, et rigoureusement perpendiculaires aux petites[1].

[1] Le colonel Lerosey a demandé en outre que le coefficient d'élasticité soit étudié par les essais à l'écrasement et à la traction.

L'épreuve faite parallèlement aux fibres s'exécutera en plaçant les éprouvettes entre les deux plateaux d'une presse hydraulique.

L'épreuve faite perpendiculairement aux fibres s'exécutera sur trois éprouvettes placées à plat entre les deux mêmes plateaux. La première sera prise au centre de la tige, de manière à agir sur des accroissements complets; les deux autres, prélevées latéralement, seront pressées : la première vers le centre de la tige, et la seconde perpendiculairement à cette direction.

On notera la charge d'écrasement et la surface portante, dans les deux cas, et on rapportera la résistance au centimètre carré de la surface portante.

Trois éprouvettes au moins seront essayées à l'état sec, et trois à l'état d'imbibition, dans l'une et l'autre épreuve.

C. *Résistance à la traction.* — On mesurera la résistance à la traction sur des éprouvettes rectangulaires de 0 m. 06 sur 0 m. 02 de section, et de 0 m. 30 de longueur[1]; les têtes, à section carrée, auront 0 m. 08 de côté et 0 m. 10 de longueur. Pour les bois à croissance rapide, l'épaisseur de l'éprouvette sera portée à 0 m. 05, afin de soumettre à l'essai plusieurs accroissements successifs[1].

Ces têtes seront saisies entre les mâchoires d'une machine de traction ordinaire, munies de mordaches à coins pour empêcher le glissement pendant la traction.

Les éprouvettes devront être travaillées de façon à éviter autant que possible de couper les fibres.

On notera la charge de rupture par millimètre carré de la section de la partie utile, avant traction.

L'essai portera, comme les précédents, sur trois éprouvettes au moins à l'état sec, et sur trois éprouvettes à l'état d'imbibition.

[1] M. Clérault a demandé que l'on complète la prescription en précisant «longueur utile».

D. *Résistance au cisaillement.* — La résistance au cisaillement sera mesurée, au moyen de l'appareil employé par M. Johnson au laboratoire de Saint-Louis, sur des éprouvettes carrées de o m. o5 de côté et de o m. 20 de longueur, percées, près de chacune de leurs extrémités, d'une mortaise rectangulaire de o m. o25 de largeur; chaque mortaise est défoncée par une clavette en fer rectangulaire de même épaisseur, actionnée par une machine à traction [1].

Les deux joues de chaque mortaise sont maintenues contre l'écartement par une petite crampe à vis dont on règle le serrage au degré juste nécessaire pour sa tenue en place.

Les deux mortaises sont dirigées à angle droit l'une de l'autre, de façon à donner la résistance au cisaillement dans les deux sens perpendiculaires (radial et tangentiel).

On notera la charge sous laquelle chacune des mortaises a été défoncée, et on la rapportera à la surface de glissement sur laquelle a porté l'effort.

L'essai sera fait sur quatre éprouvettes de la façon suivante : deux seront soumises au cisaillement dans le sens perpendiculaire aux fibres, dans la première la force agira dans le plan radial, et dans la seconde dans le plan perpendiculaire; les deux autres seront éprouvées au cisaillement dans le sens parallèle aux fibres, la force agira dans des plans radiaux et tangentiels aux accroissements.

E. *Résistance à l'usure par le frottement.* — On mesurera la résistance à l'usure par le frottement, quand l'emploi des bois le comportera, au moyen de l'appareil utilisé au laboratoire de l'École des ponts et chaussées pour mesurer la résistance des pierres au même genre d'effort. Les éprouvettes, à section rectangulaire,

[1] Le colonel Lerosey demande que la distance entre la mortaise et la tête de l'éprouvette soit fixée. Cette longueur est égale au diamètre dans les éprouvettes d'essais faits dans les laboratoires d'Amérique et de Paris. Il demande en outre que les essais au cisaillement en travers soient faits sur des chevilles, au lieu d'être faits, comme ceux parallèles aux fibres, au moyen d'une mortaise.

auront 0 m. 06 sur 0 m. 04 de base et 0 m. 12 de hauteur. Elles seront placées deux par deux sur la meule tournante en fonte, saupoudrée d'émeri n° 3, chacune de leurs extrémités portant à tour de rôle sur la surface frottante, sous une charge de 250 kilogrammes par centimètre carré. On notera l'usure après un nombre déterminé de tours de meule.

Deux éprouvettes seront essayées à l'état sec, l'une perpendiculairement et l'autre parallèlement à la direction des fibres, et deux à l'état d'imbibition complète.

F. *Résistance au choc et autres essais mécaniques.* — L'essai de résistance au choc et divers autres essais mécaniques que l'emploi des bois pourrait rendre nécessaires n'ont pas été jusqu'à ce jour l'objet d'expériences suffisamment prolongées pour qu'il soit possible d'en fixer les règles. Dans ces diverses expériences, l'attention des expérimentateurs est attirée sur l'utilité et la nécessité qu'il y a à répéter les essais suivant différentes directions perpendiculaires entre elles.

Il est à souhaiter que ces expériences soient poursuivies dans les divers laboratoires.

TABLE DES MATIÈRES.

TABLE DES GRAVURES.

ABRÉVIATIONS.

S. T.	Section transversale.	Ph.	Photographie.
S. Tg. . . .	Section tangentielle.	Ph. C. Th.	Photographies de la collection faite par MM. Thouroude et Thil, à l'occasion de l'Exposition de 1889.
S. R.	Section radiale.		
δ.	Nombre de diamètres du grossissement microscopique.		

1° FIGURES DANS LE TEXTE.

2° PHOTOGRAVURES.

Planche XI. — Sapin pinsapo, groupe de cellules résinifères (S. T., 430 δ, Ph.). Canaux résinifères du mélèze (S. T., 430 δ, Ph.). Canal résinifère du pin maritime (S. T., 430 δ, Ph.).

Planche XII. — Myrte commun (S. T., 30 δ, Ph. C. Th.). Orme champêtre (S. T., 11 δ, Ph.) Chêne pédonculé (S. T., 12 δ, Ph.).

Planche XIII. — Noyer commun (S. T.). Masse de fibres divisée par un réseau de parenchyme ligneux et radial (30 δ, Ph. C. Th.). Chêne rouvre (S. T.). Bois d'automne et de printemps (90 δ, Ph.).

Planche XIV. — Robinier pseudo-acacia (S. T.). Vaisseaux avec thylles (30 δ).

Planche XV. — Peuplier noir (S. Tg.). Ponctuations des vaisseaux groupés, paroi séparative (430 δ, Ph.). Aune glutineux (S. Tg.). Ponctuations des vaisseaux groupés, paroi séparative (430 δ). Érable sycomore (tigelle) (S. R.). Vaisseau spiralé (450 δ, Ph.).

Planche XVI. — Chêne pédonculé (S. T.) à croissance lente (12 δ, Ph.). Chêne pédonculé (S. T.) à croissance rapide (12 δ, Ph.).

Planche XVII. — Hêtre pédonculé (S. T.) à croissance rapide (90 δ, Ph.). Hêtre pédonculé (S. T.) à croissance lente (90 δ, Ph.).

Planche XVIII. — Buis commun (S. T.). Vaisseau simple (60 δ, Ph. C. Th.). Rhododendron des Alpes (S. T.). Vaisseau simple (70 δ, Ph.).

Planche XIX. — Chêne-liège (S. T.). Vaisseau simple (30 δ, Ph. C. Th.). Chêne rouvre (S. T.). Vaisseaux simples et groupés.

Planche XX. — Peuplier du Canada (S. T.). Vaisseaux groupés (30 δ, Ph. C. Th.).

Planche XXI. — Pommier acerbe (S. T.). Vaisseaux simples (60 δ, Ph. C. Th.). Aubépine (S. T.). Vaisseaux simples (30 δ, Ph. C. Th.).

Planche XXII. — Alisier torminal (S. T.). Disposition de vaisseau (30 δ, Ph. C. Th.). Saule pleureur (S. T.). Disposition de vaisseau (30 δ, Ph. C. Th.).

Planche XXIII. — Saule drapé (S. T.). Disposition de vaisseau (30 δ, Ph. C. Th.).

Planche XXIV. — Aune blanc (S. T.). Vaisseaux simples et groupés (30 δ, Ph. C. Th.). Érable champêtre (S. T.). Vaisseaux simples et groupés (30 δ, Ph. C. Th.).

Planche XXV. — Frêne oxyphylle (S. T., 30 δ, Ph. C. Th.). Caroubier commun (S. T., 30 δ, Ph. C. Th.).

Planche XXVI. — Coudrier noisetier (S. T.), Disposition de vaisseau (30 δ, Ph. C. Th.).

3° PLANCHES COLORIÉES.

PLANCHE XLV....	If commun, aubier et bois parfait, grandeur naturelle.
PLANCHE XLVI....	Marche du liquide injecté dans les bois feuillus. Marche du liquide injecté dans les bois résineux.
PLANCHE XLVII...	Bois de pin teinté par l'acide azotique. Matière intercellulaire isolée par l'acide sulfurique. Cellules isolées par l'acide azotique et le chlorate de potasse.
PLANCHE XLVIII..	Chêne pédonculé. Différenciation des cellules par le vert de méthyle et l'acide picrique. Pin cembro. Différenciation des cellules par le vert de méthyle et l'acide picrique.
PLANCHE XLIX....	Pin cembro. Différenciation de la cellulose par le chloroiodure de zinc iodé. Pin laricio. Différenciation de la cellulose par le chloroiodure de zinc iodé.

PLANCHES

I

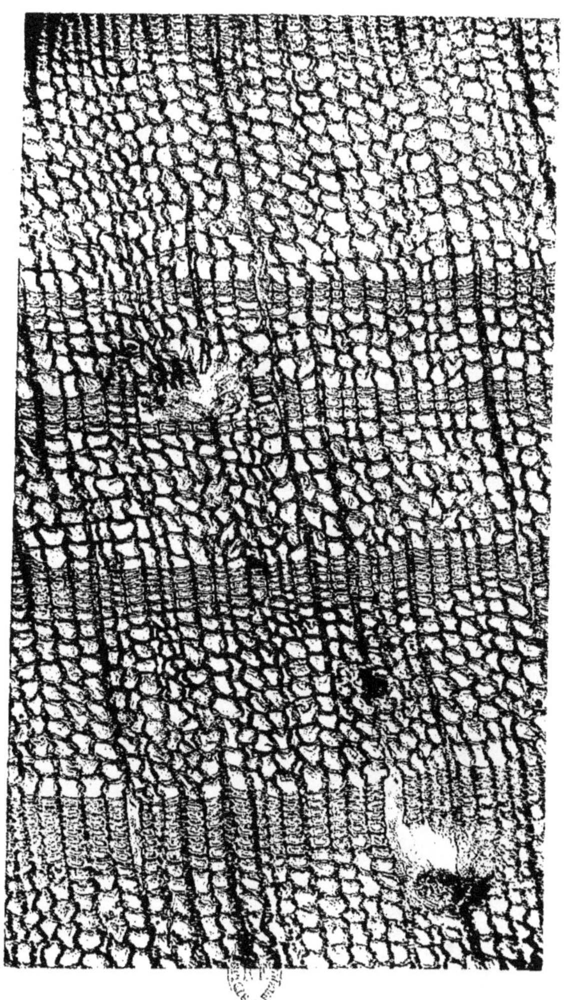

Pin maritime
Section transversale (70 diamètres).

Phototypie Berthaud, Paris

II

Cyprès pyramidal

Section radiale (70 diamètres).

Pin maritime

Section radiale (70 diamètres).

III

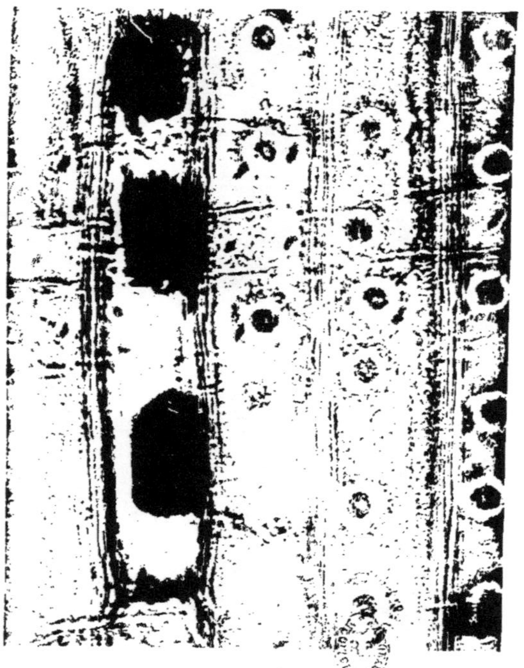

Genévrier thurifère
Trachéides de printemps et cellules résinifères.
Section radiale (590 diamètres).

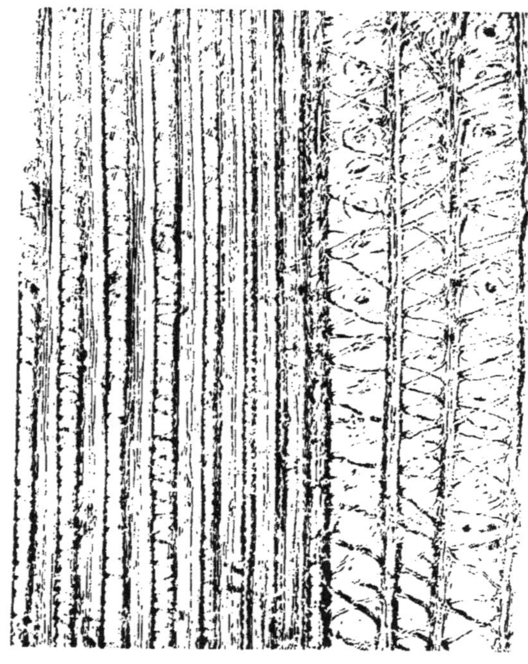

If commun
Trachéides d'automne et de printemps.
Section radiale (430 diamètres).

IV

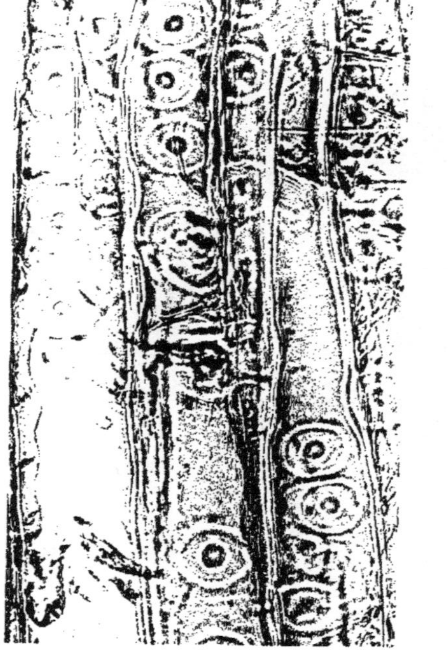

Pin maritime

Trachéides de printemps.
Section radiale (430 diamètres).

Mélèze d'Europe

Trachéides de printemps.
Section radiale (590 diamètres).

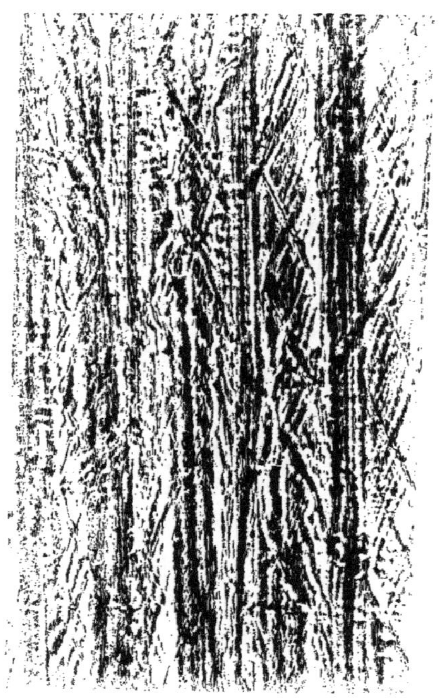

Mélèze d'Europe

Trachéides d'automne.
Section tangentielle (590 diamètres).

V

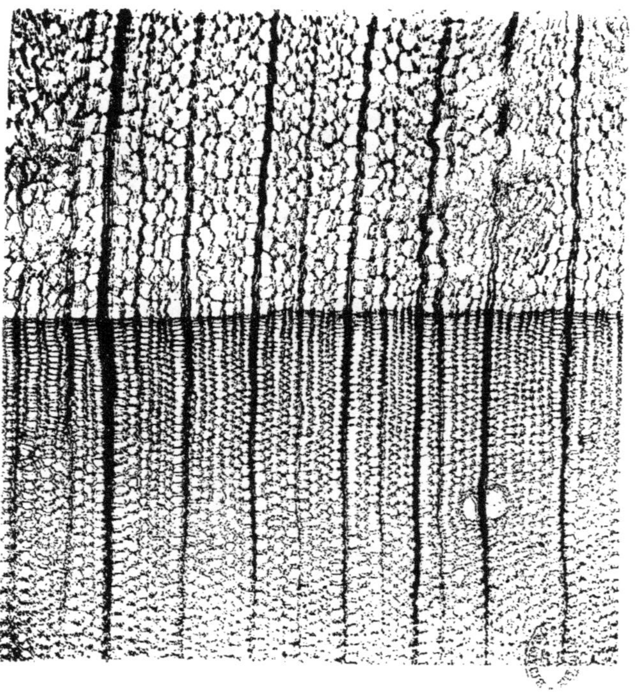

Mélèze à croissance rapide des plaines de Bourgogne
Section transversale (70 diamètres).

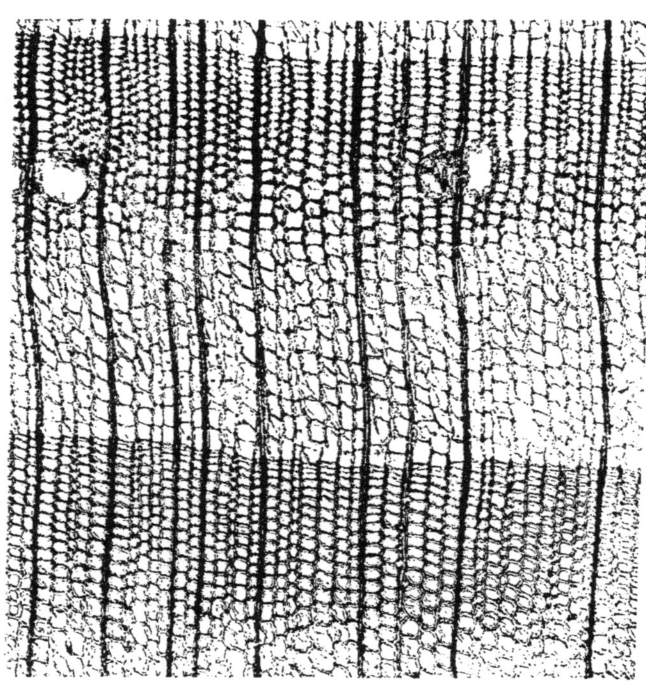

Mélèze à croissance lente des Alpes
Section transversale (70 diamètres).

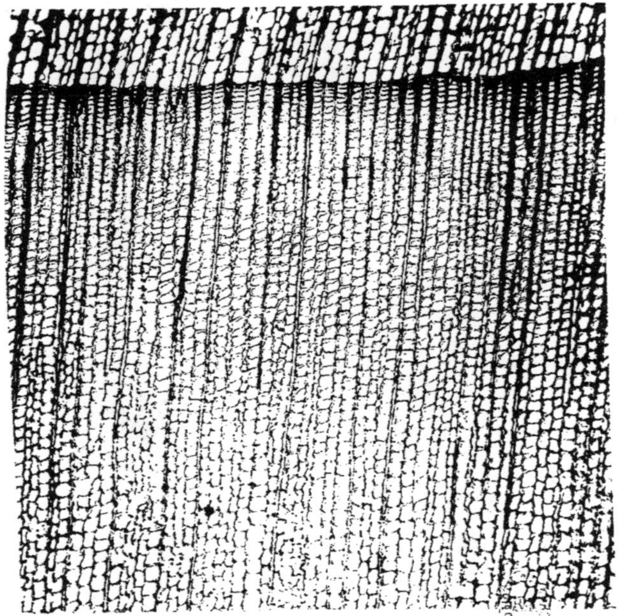

VI

Sapin pectiné

(Grain grossier).

Section transversale (60 diamètres).

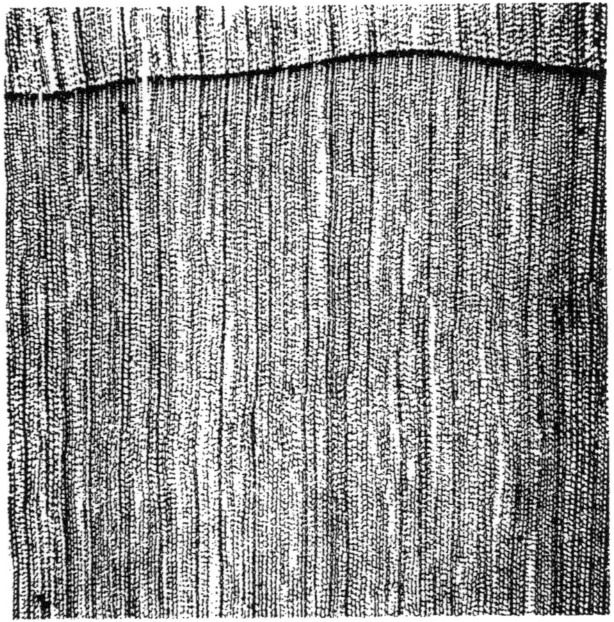

Genévrier commun

(Grain fin).

Section transversale (60 diamètres).

VII

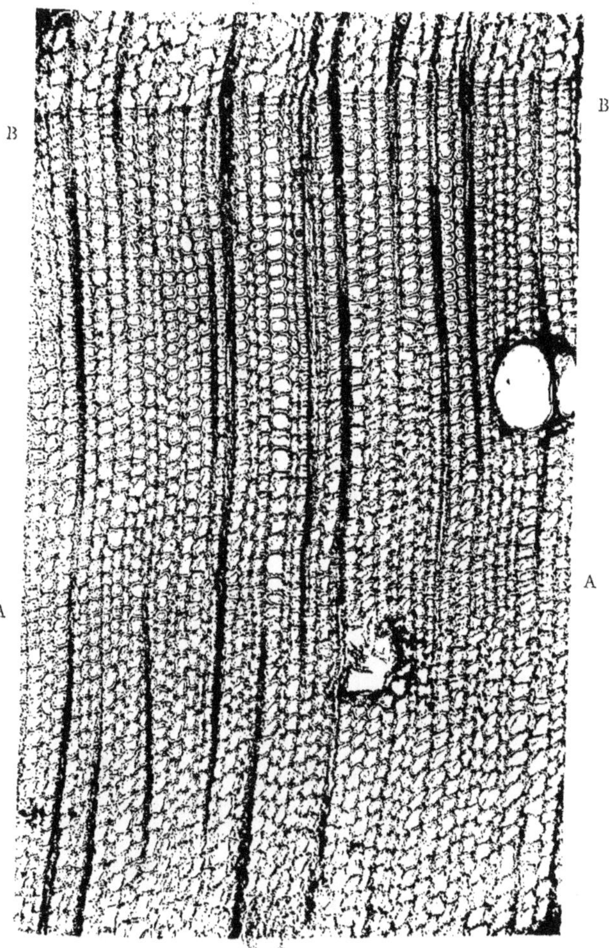

Pin maritime
Avec deux zones A et B de bois d'automne dans le même accroissement.
Section transversale (70 diamètres).

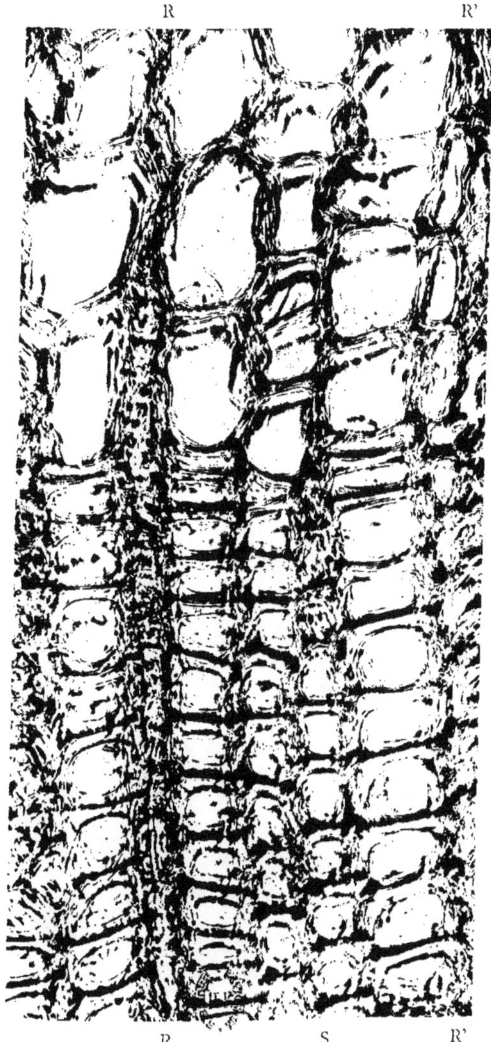

Pin maritime

R R R' R'. Rayons médullaires longeant le secteur S.
Section transversale (430 diamètres).

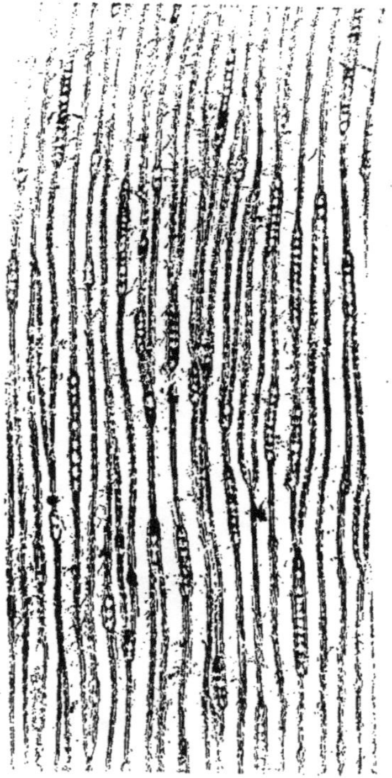

Callitris Quadrivalve (Thuya)
Section tangentielle (70 diamètres).

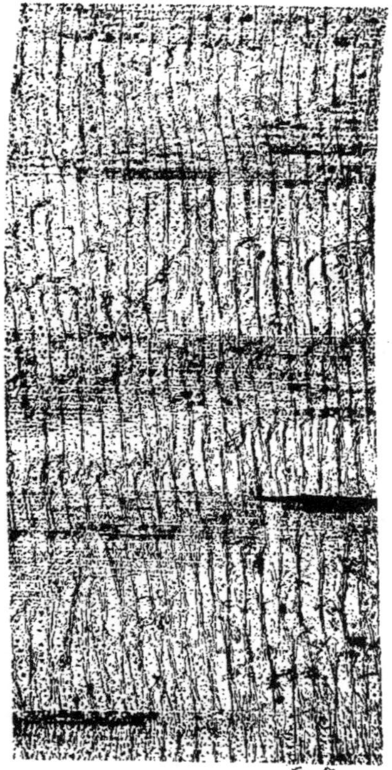

Sapin pinsapo
Section radiale (70 diamètres).

Pin laricio de Corse
Section radiale (70 diamètres).

Mélèze d'Europe
Section tangentielle (70 diamètres).

X

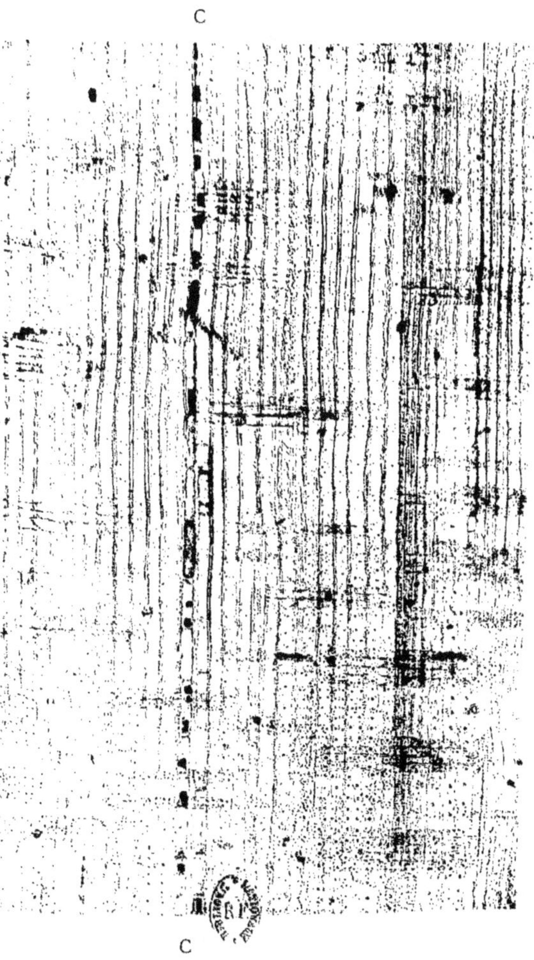

Genévrier thurifère

C. Cellules résinifères.

Section radiale (70 diamètres).

XI

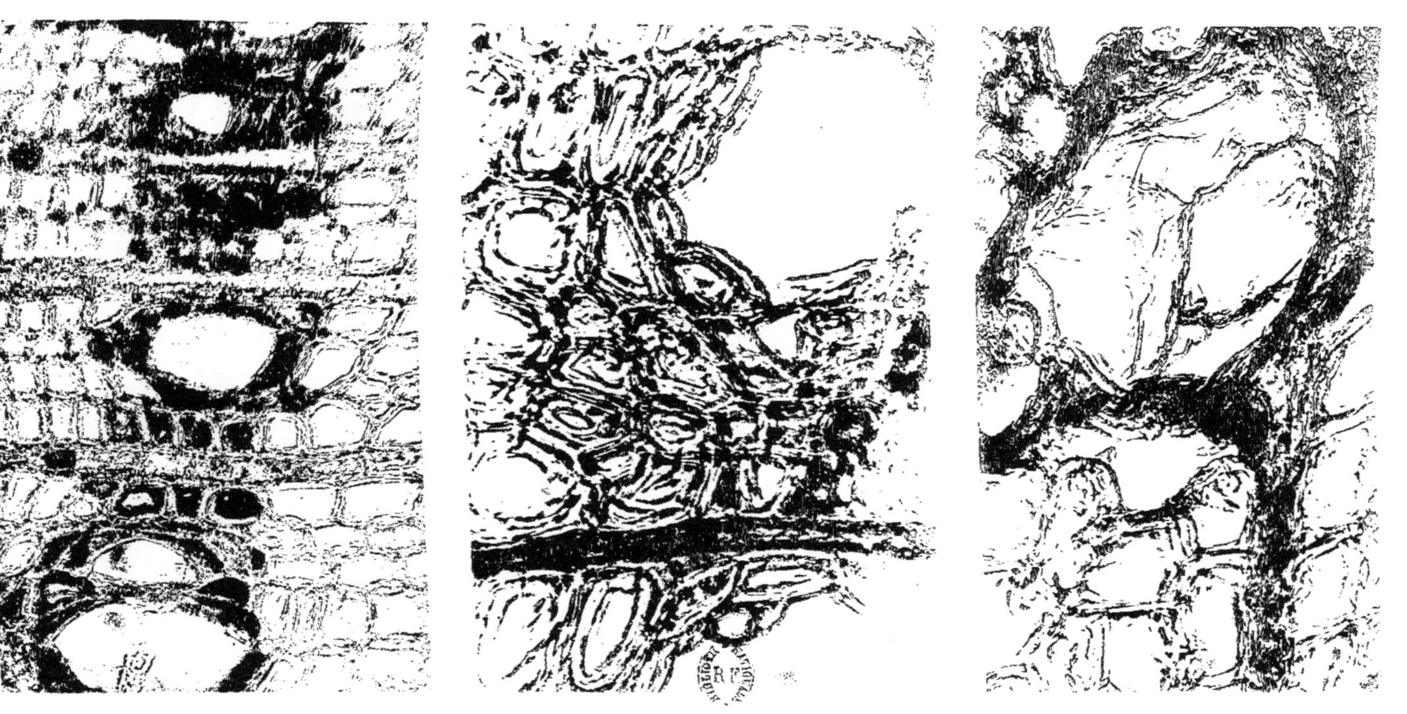

Sapin pinsapo
Groupes de cellules résinifères.
Section transversale (430 diamètres).

Mélèze d'Europe
Canaux résinifères.
Section transversale (430 diamètres).

Pin maritime
Canal résinifère.
Section transversale (430 diamètres).

XII

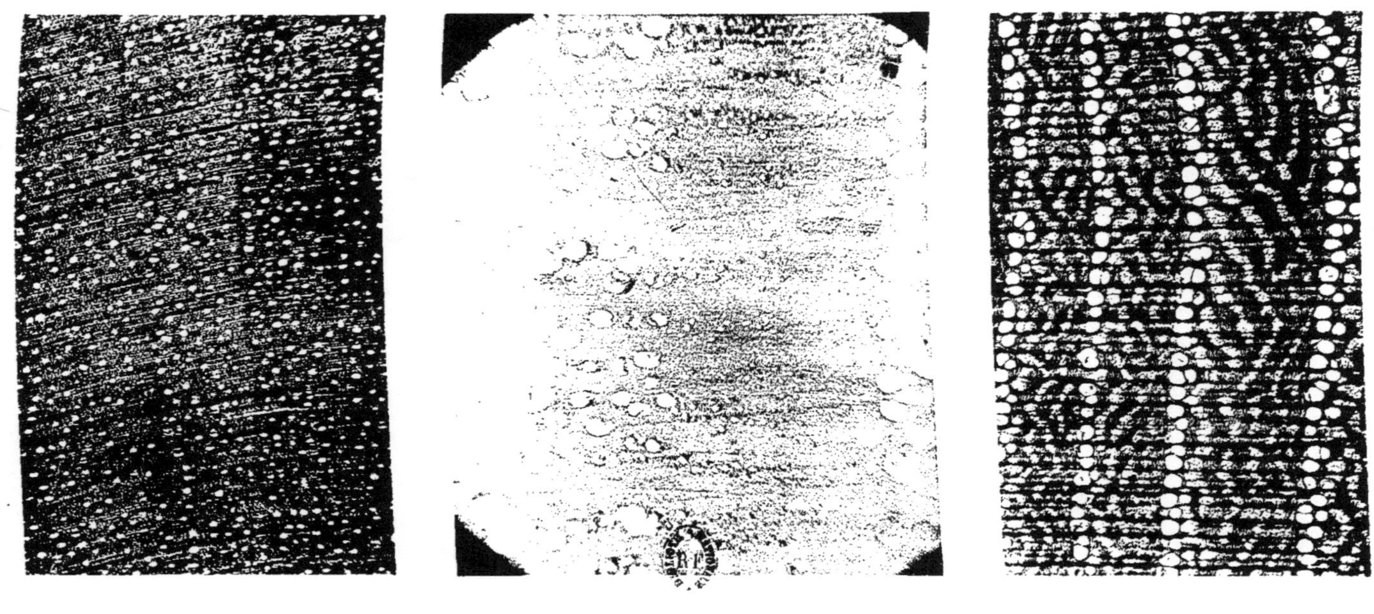

Myrle commun
Section transversale (30 diamètres).

Chêne pédonculé
Section transversale (11 diamètres).

Orme champêtre
Section transversale (12 diamètres).

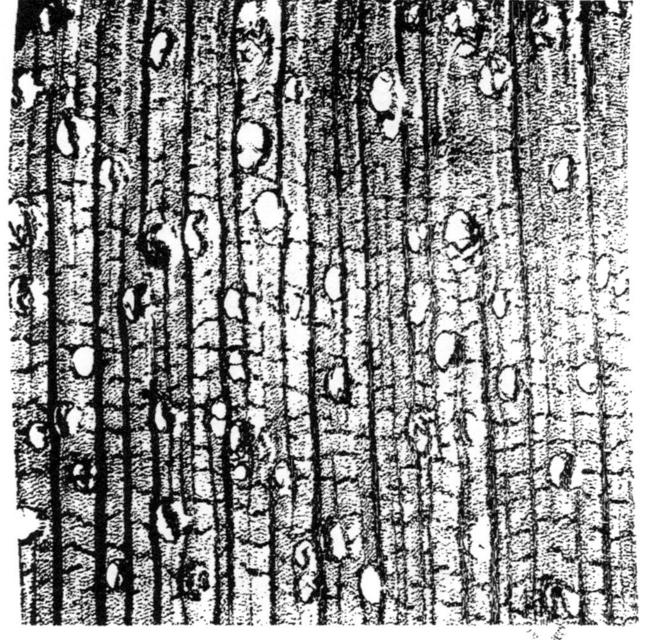

Noyer commun

Section transversale (30 diamètres).

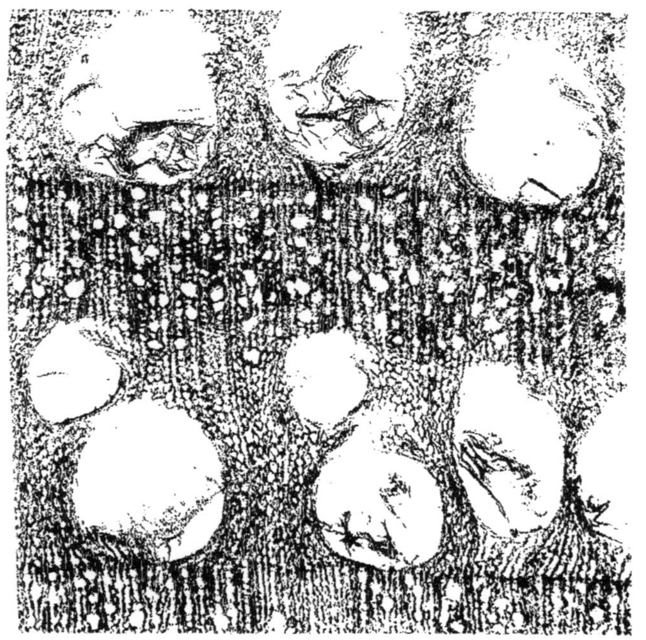

Chêne rouvre

Section, transversale (90 diamètres).

XIV

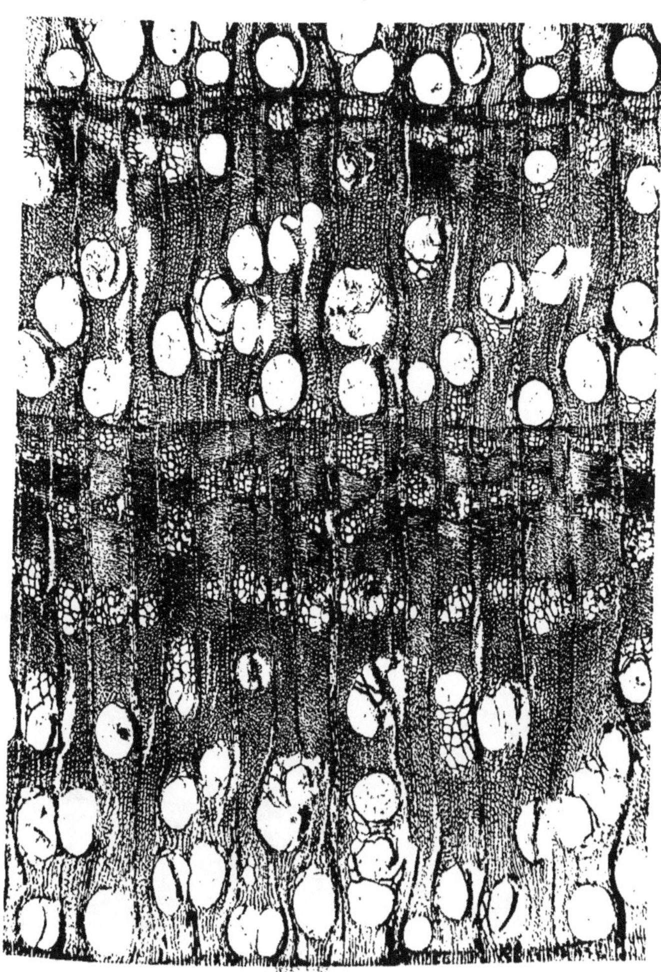

Robinier pseudo-acacia

Section transversale (30 diamètres).

XV

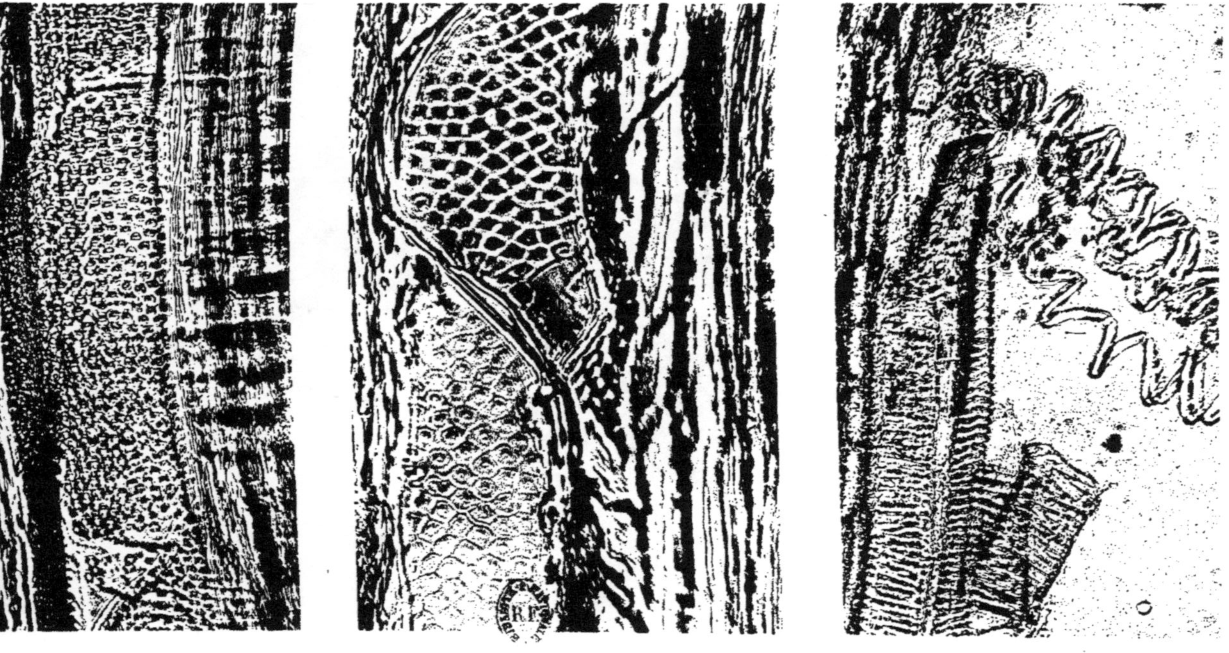

Anne glutineux

Vaisseaux groupés,
grille et ponctuations séparatives des éléments.
Section radiale (450 diamètres).

Peuplier noir

Ponctuations des vaisseaux.
Section tangentielle (450 diamètres).

Erable sycomore

Vaisseaux spiralés.
Section radiale (450 diamètres).

XVI

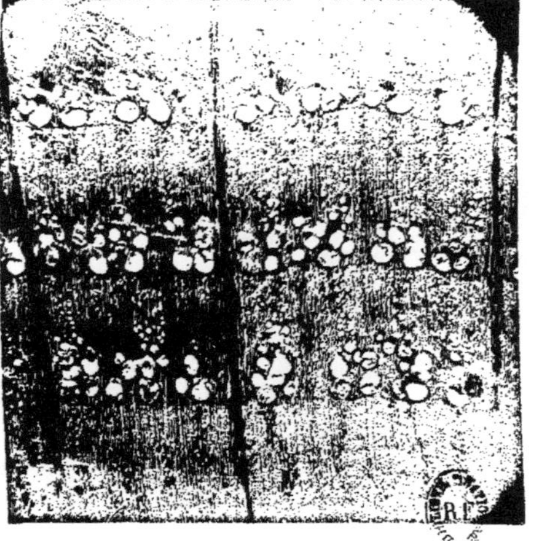

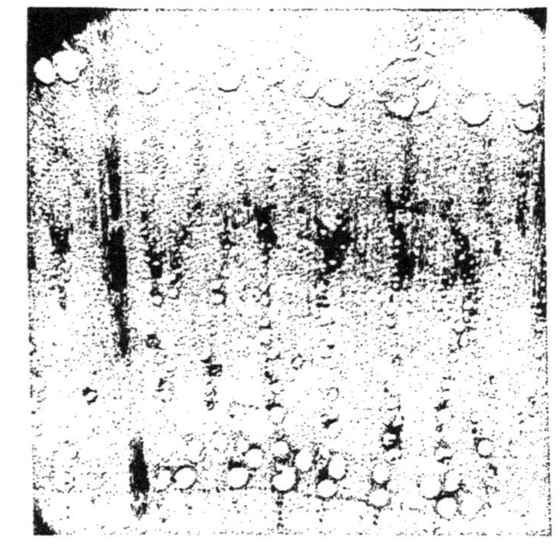

Chêne pédonculé

Baliveau à croissance lente. Baliveau à croissance rapide.

Sections transversales (12 diamètres).

XVII

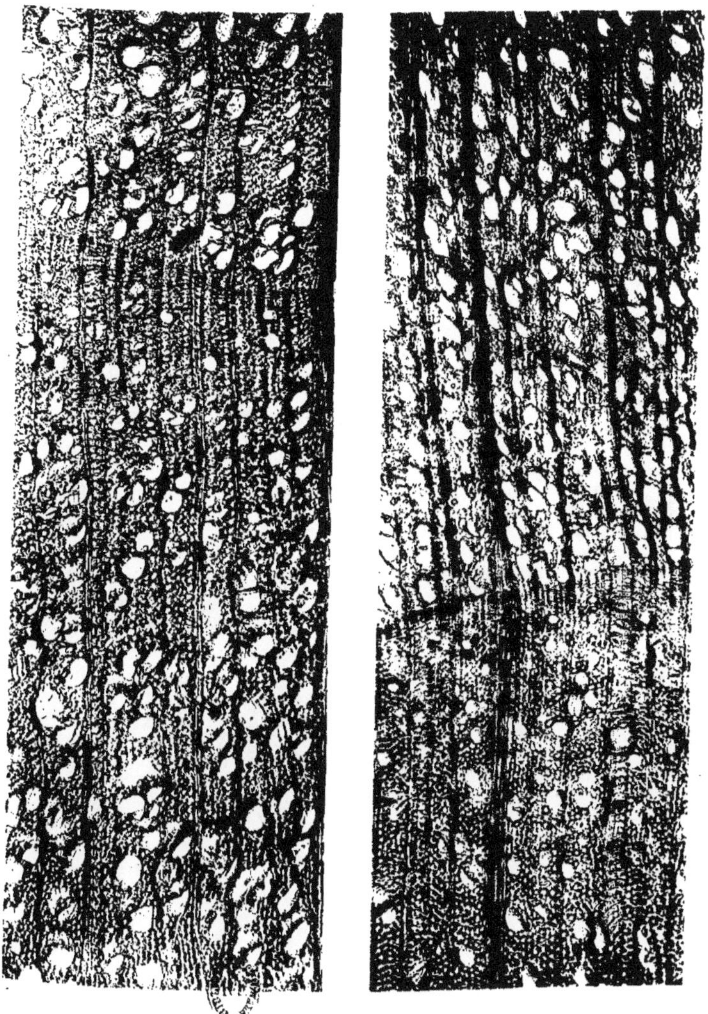

Hêtre commun

à croissance lente. à croissance rapide.

Sections transversales (90 diamètres).

XVIII

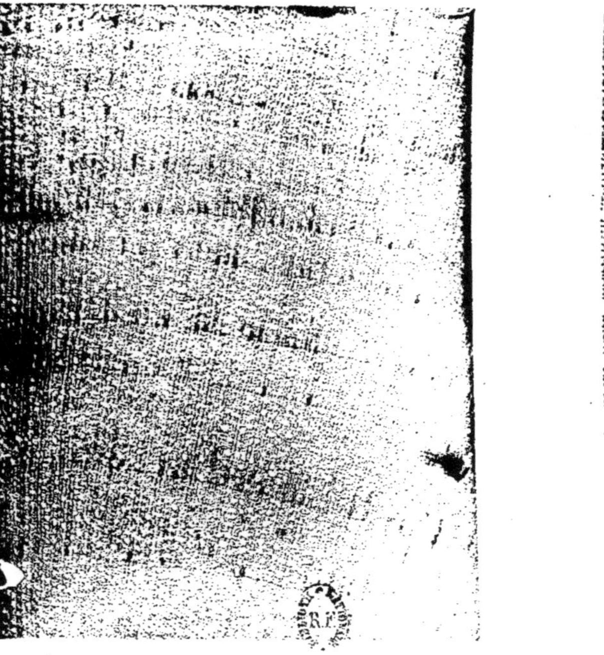

Rhododendron ferrugineux

Section transversale (65 diamètres).

Buis commun

Section transversale (60 diamètres).

Vaisseaux simples.

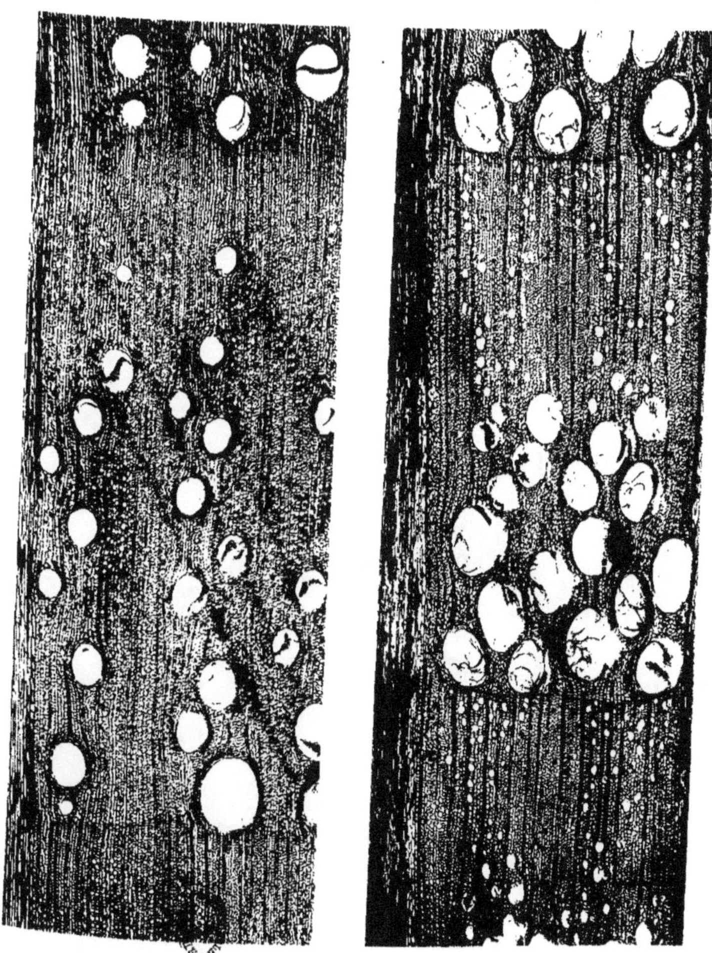

Chêne liège *Chêne rouvre*

Sections transversales (30 diamètres).

Vaisseaux simples.

XX

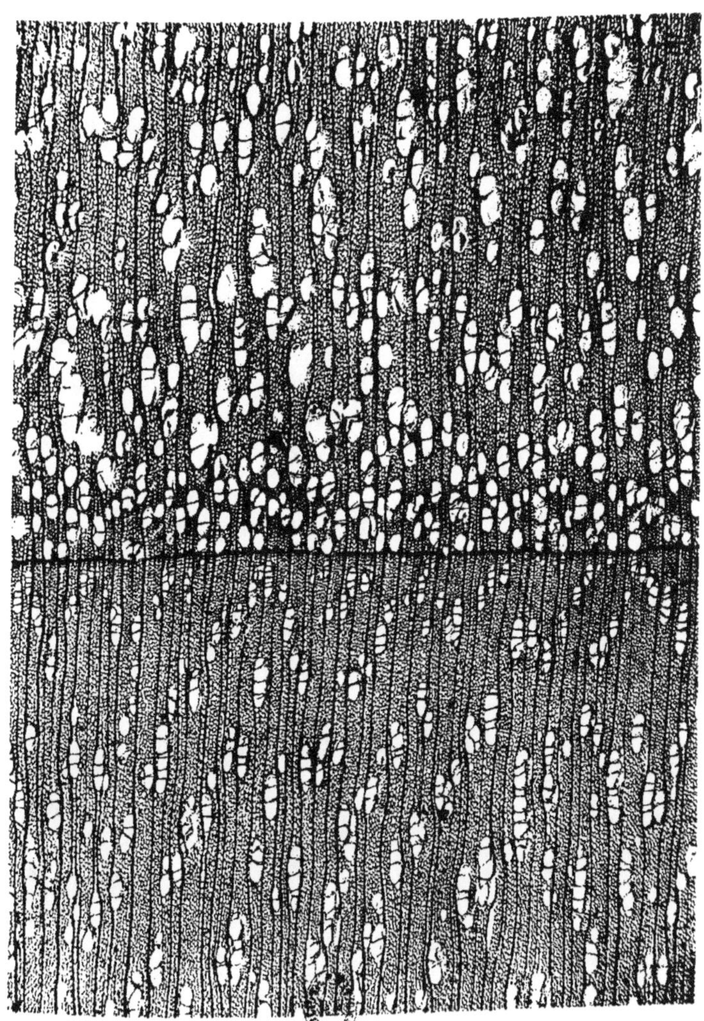

Peuplier du Canada

Vaisseaux groupés.

Section transversale (30 diamètres).

XXI

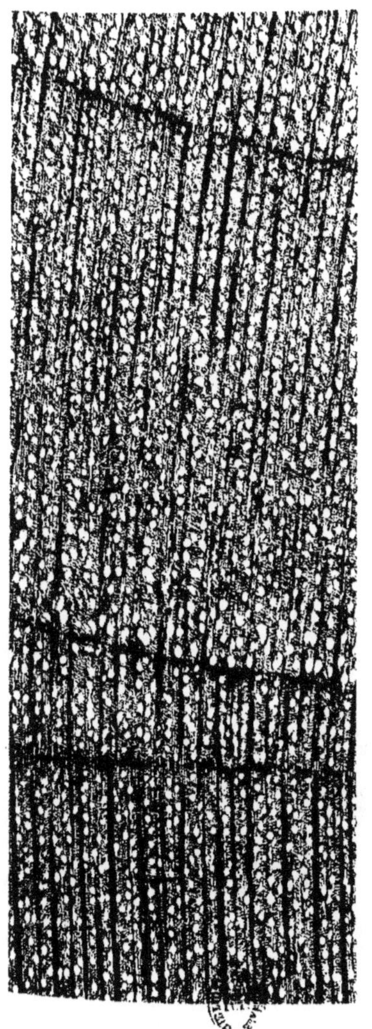

Aubépine monogyne
Section transversale (30 diamètres).

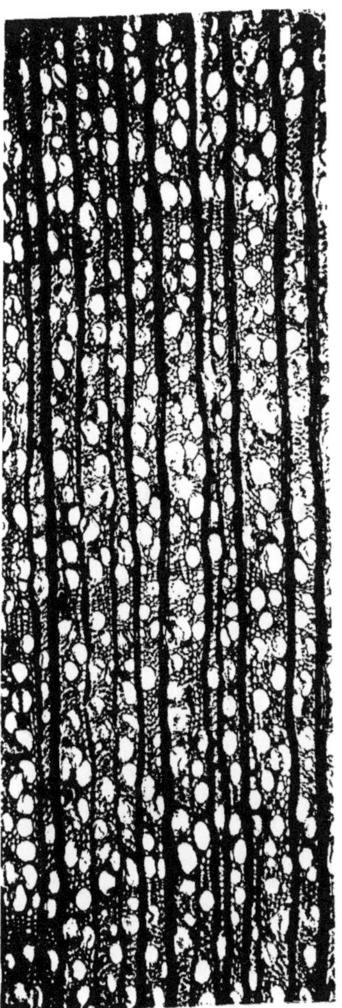

Pommier acerbe
Section transversale (60 diamètres).

XXII

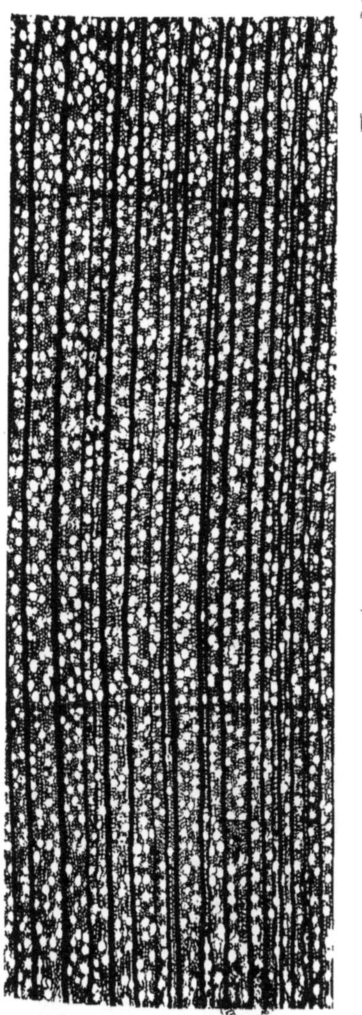

Alisier torminal
Section transversale (30 diamètres).

Saule pleureur
Section transversale (30 diamètres).

XXIII

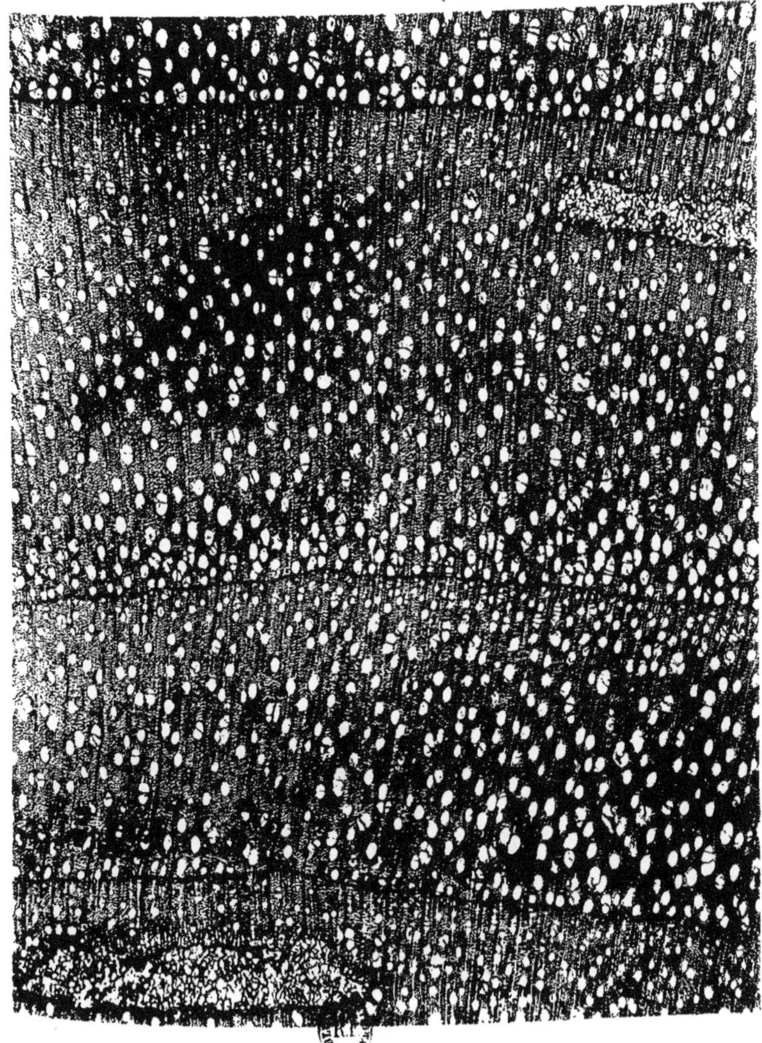

Saule drapé

Section transversale (30 diamètres).

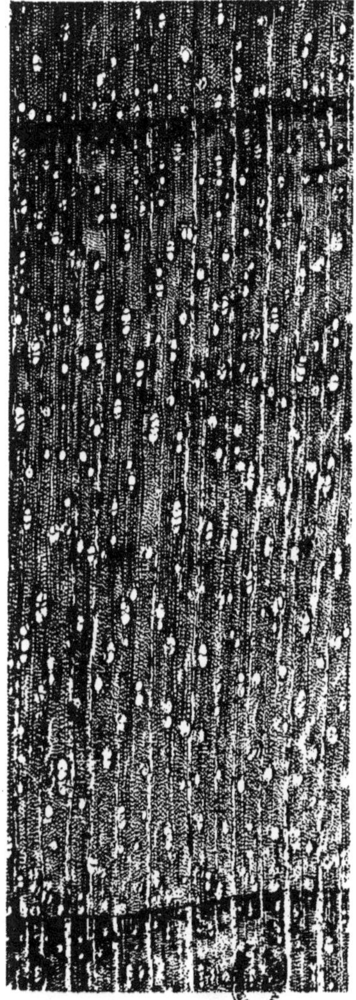

Erable champêtre
Section transversale (30 diamètres).

Aune blanc
Section transversale (30 diamètres).

XXV

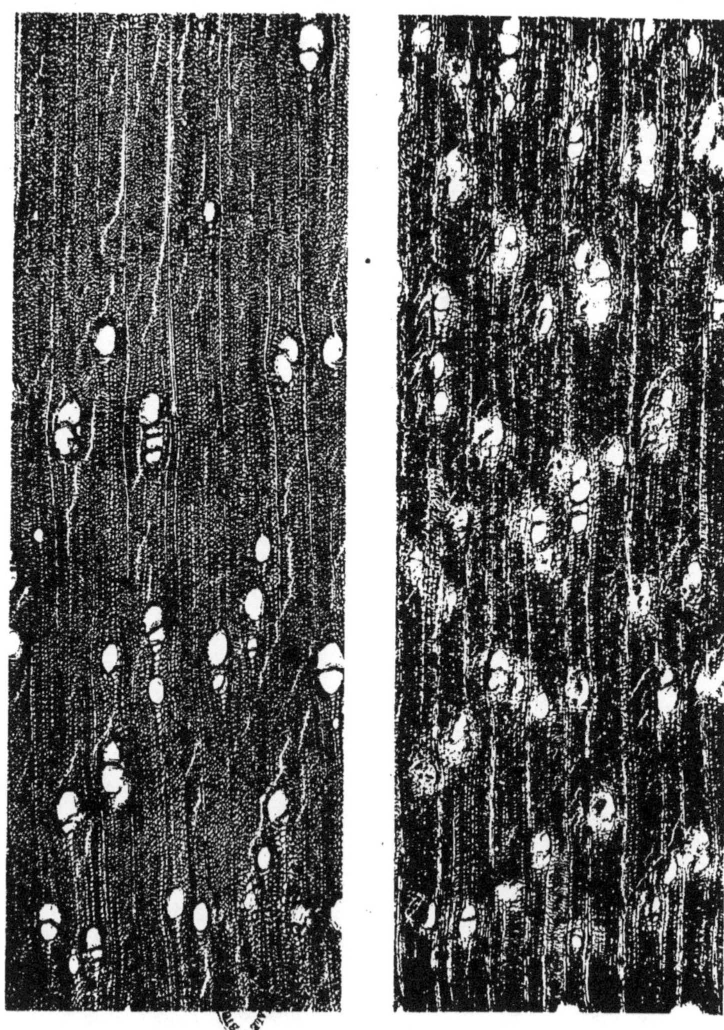

Frêne oxyphille *Caroubier commun*

Sections transversales (30 diamètres).

XXVI

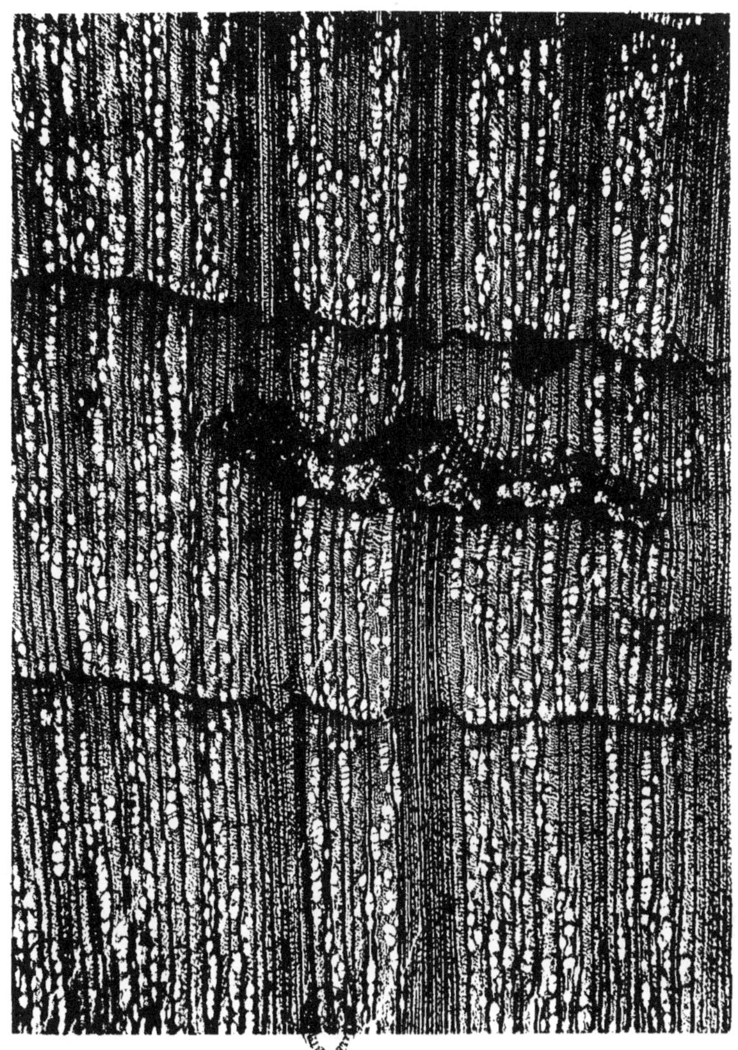

Coudrier noisetier

Section transversale avec un entre-écorce (30 diamètres).

XXVII

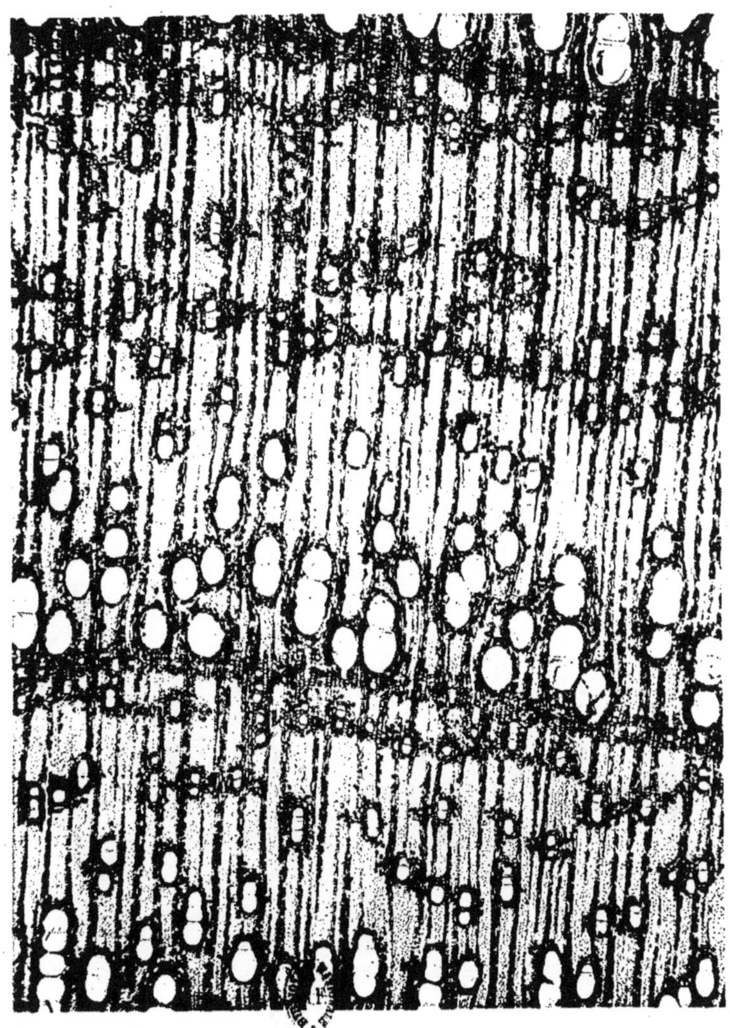

Frêne à petites feuilles

Section transversale (30 diamètres).

XXVIII

Orme champêtre
Section transversale (30 diamètres).

XXIX

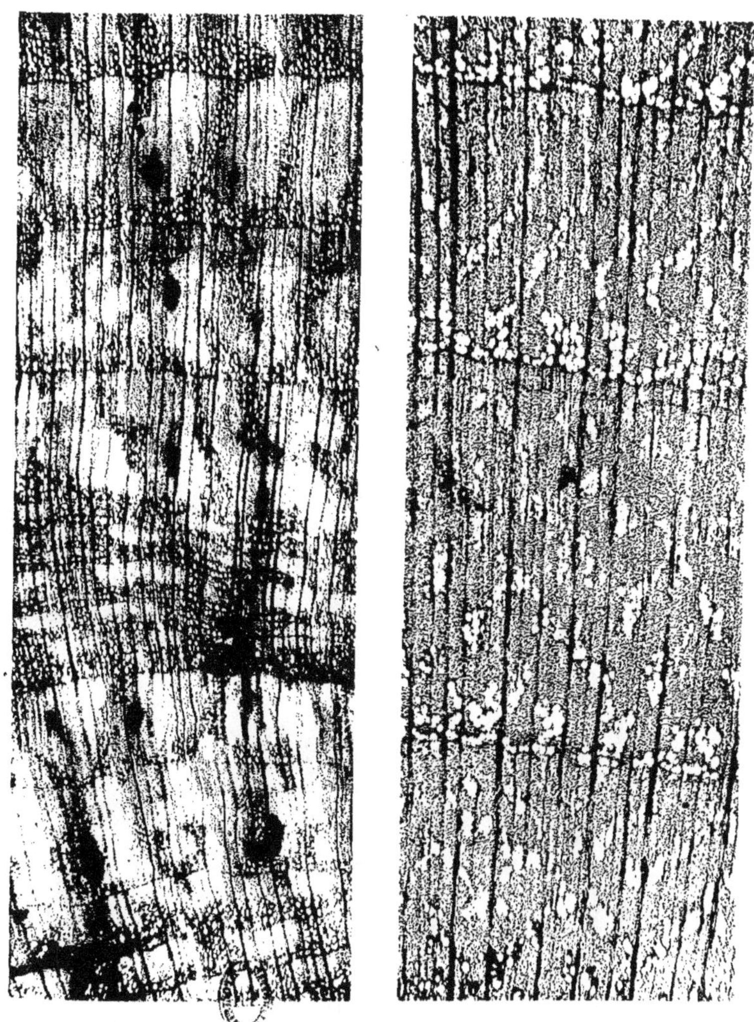

Nerprun purgatif *Genêt de Corse*

Sections transversales (30 diamètres).

Ajonc d'Europe
Section transversale (30 diamètres).

Mûrier blanc
Course des vaisseaux groupés.
Section tangentielle (60 diamètres).

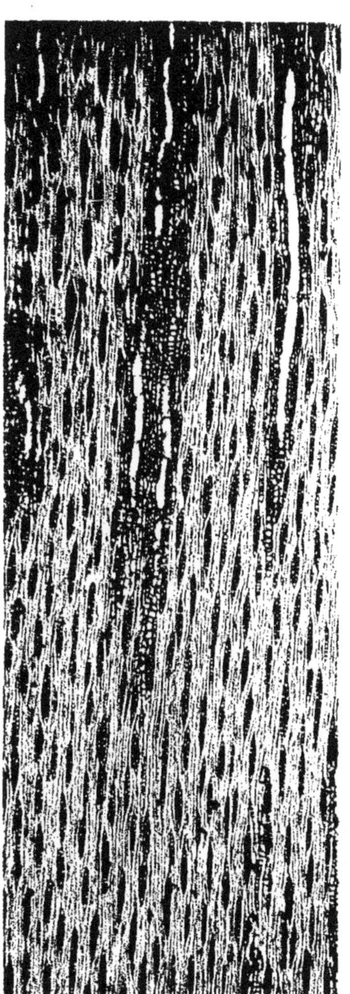

Frêne dimorphe
Parenchyme court autour des vaisseaux
et rayons médullaires.
Section tangentielle (30 diamètres).

XXXII

Aune glutineux

Parenchyme long.

Section tangentielle (430 diamètres).

Chêne pédonculé

Parenchyme aérolé et petit rayon médullaire.

Section radiale (430 diamètres).

XXXIII

Erable sycomore
Section tangentielle (60 diamètres).

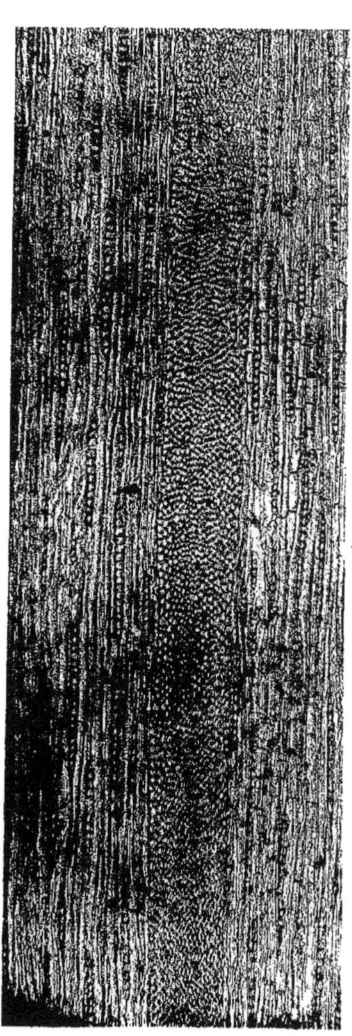

Chêne pédonculé
Section tangentielle (90 diamètres).

Hêtre commun
Section tangentielle (90 diamètres).

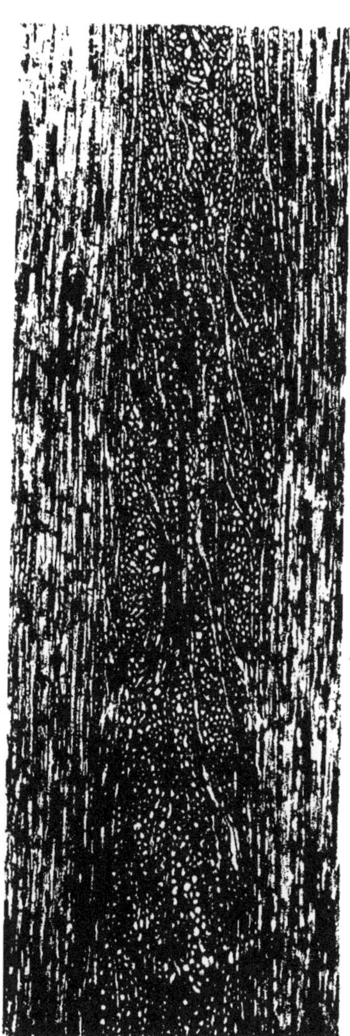

Chêne kermès
Gros rayons traversés par des fibres.
Section tangentielle (60 diamètres).

XXXV

Chêne occidental

Gros rayons traversés par des faisceaux de fibres

Section tangentielle (60 diamètres).

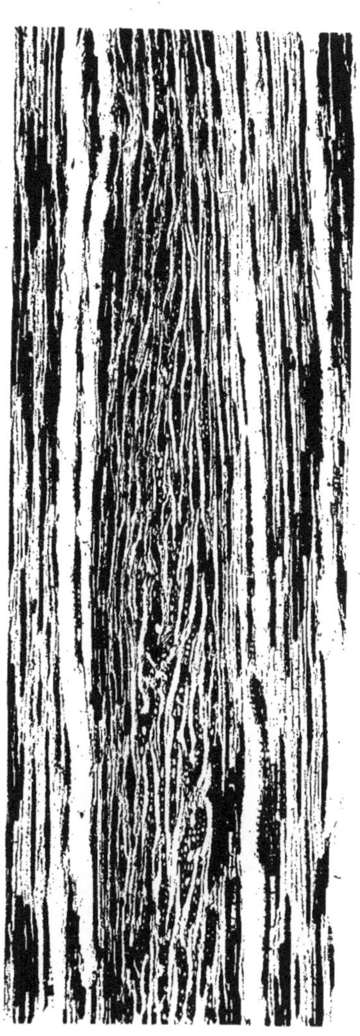

Coudrier noisetier

Rayons groupés

Section tangentielle (60 diamètres).

Chêne pédonculé

Rayons médullaires déviés par les vaisseaux.
Section transversale (90 diamètres).

Hêtre commun

Grands et petits rayons médullaires.
Section radiale (90 diamètres).

XXXVII

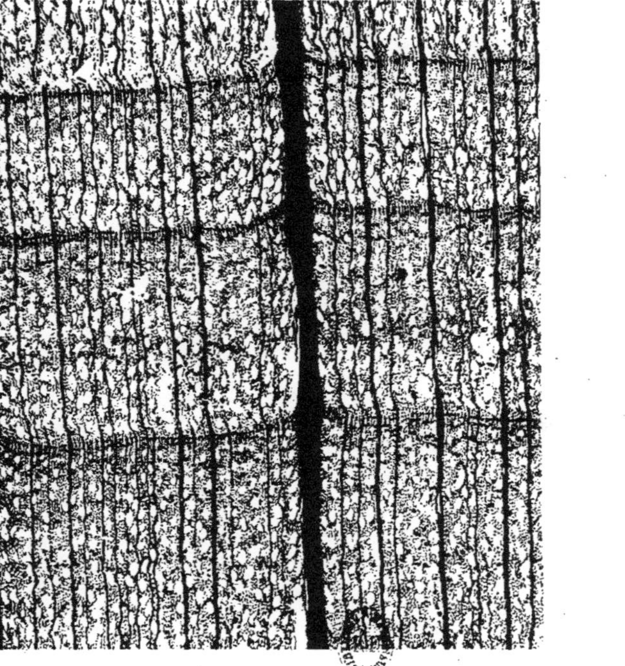

Hêtre commun

Section transversale (30 diamètres).

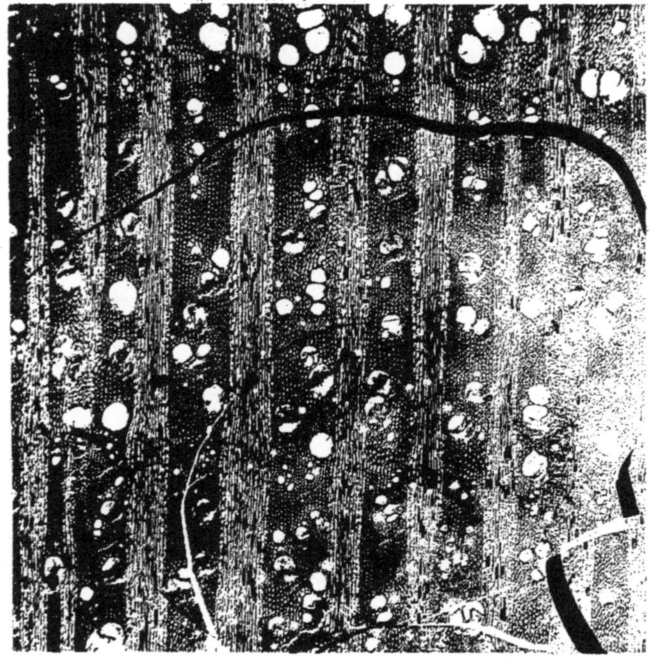

Tamarix d'Afrique

Section transversale (30 diamètres).

XXXVIII

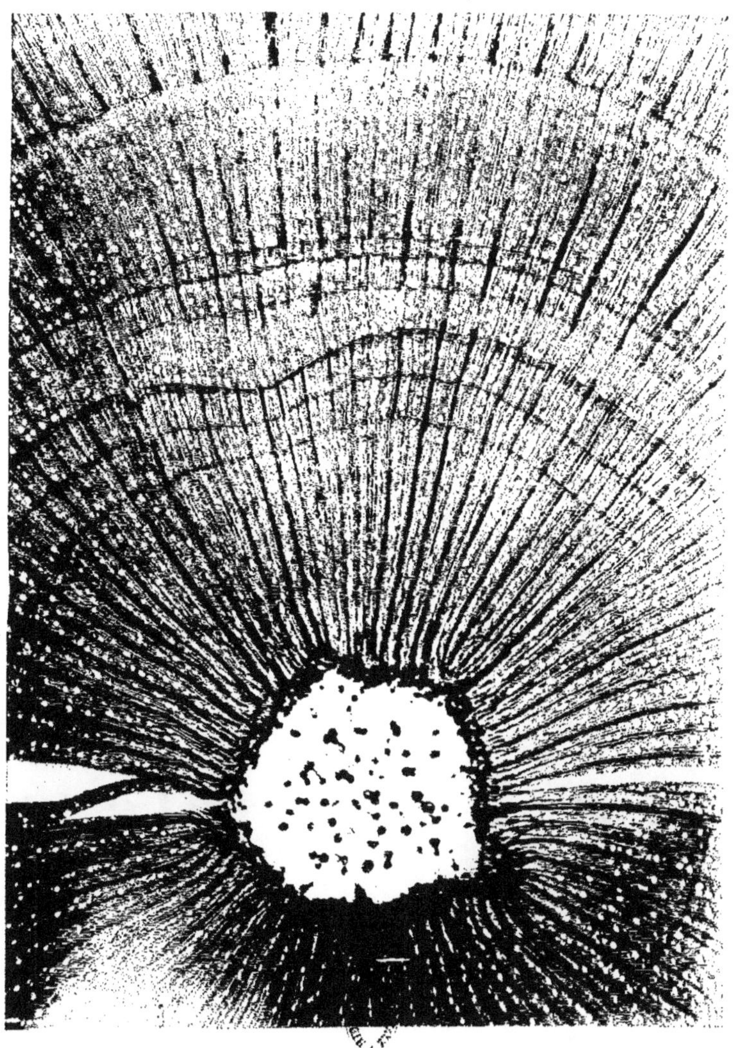

Spirée à feuille de millepertuis

Fente produite par le retrait circonférentiel.

Section transversale (30 diamètres).

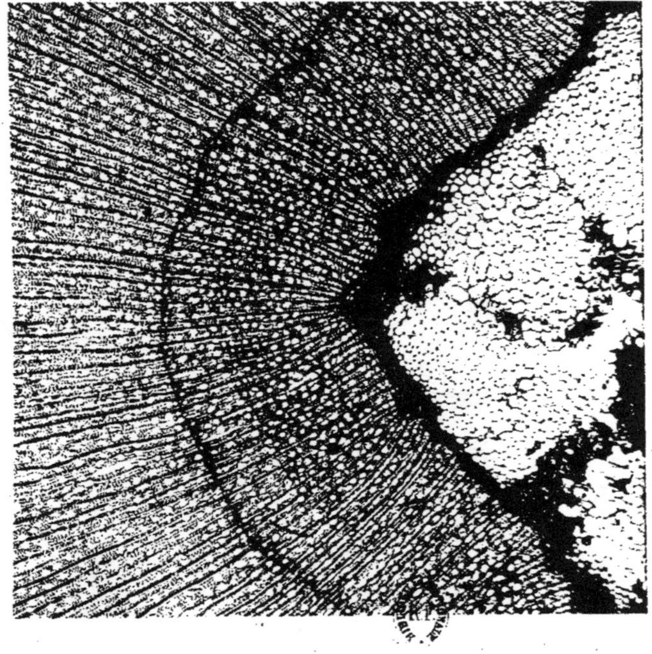

Viorne aubier
Moelle
Section transversale (30 diamètres).

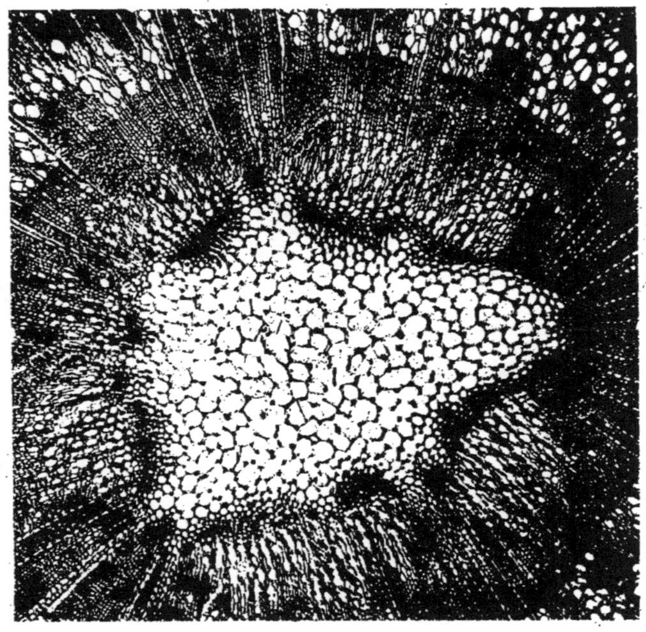

Ajonc nain
Moelle
Section transversale (60 diamètres).

XL

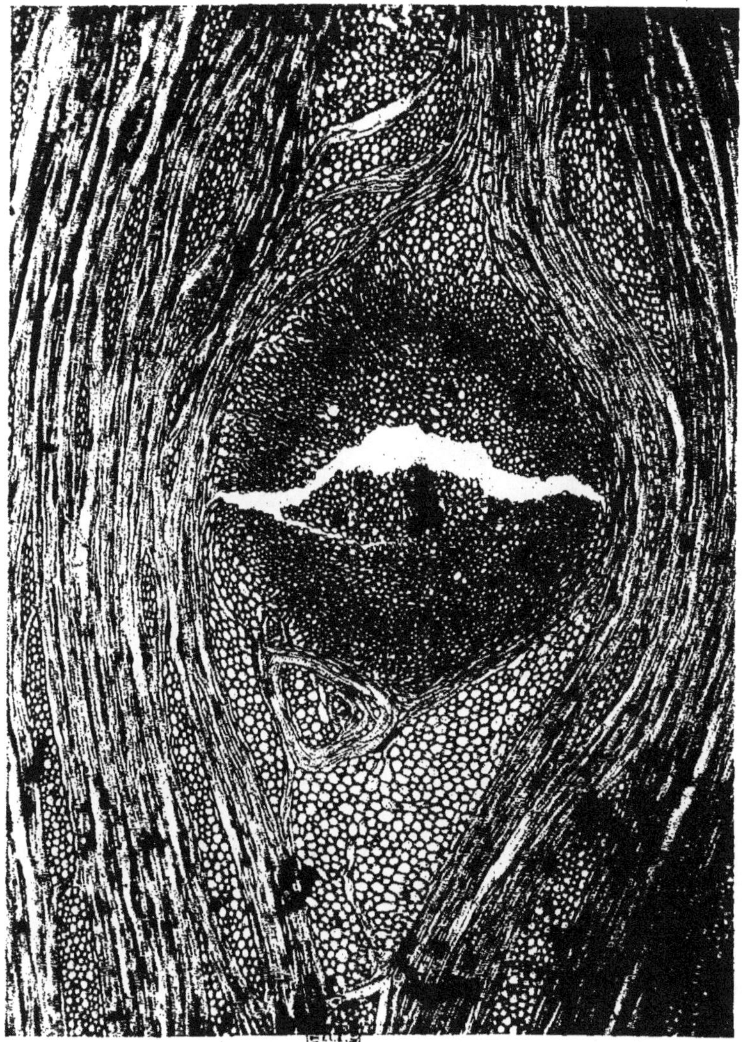

Myrica gallé

Moelle d'un rameau fendue à l'intérieur de la branche.
Section tangentielle (60 diamètres).

XLI

Aune glutineux

Entre-écorce.

Section tangentielle (60 diamètres).

XLII

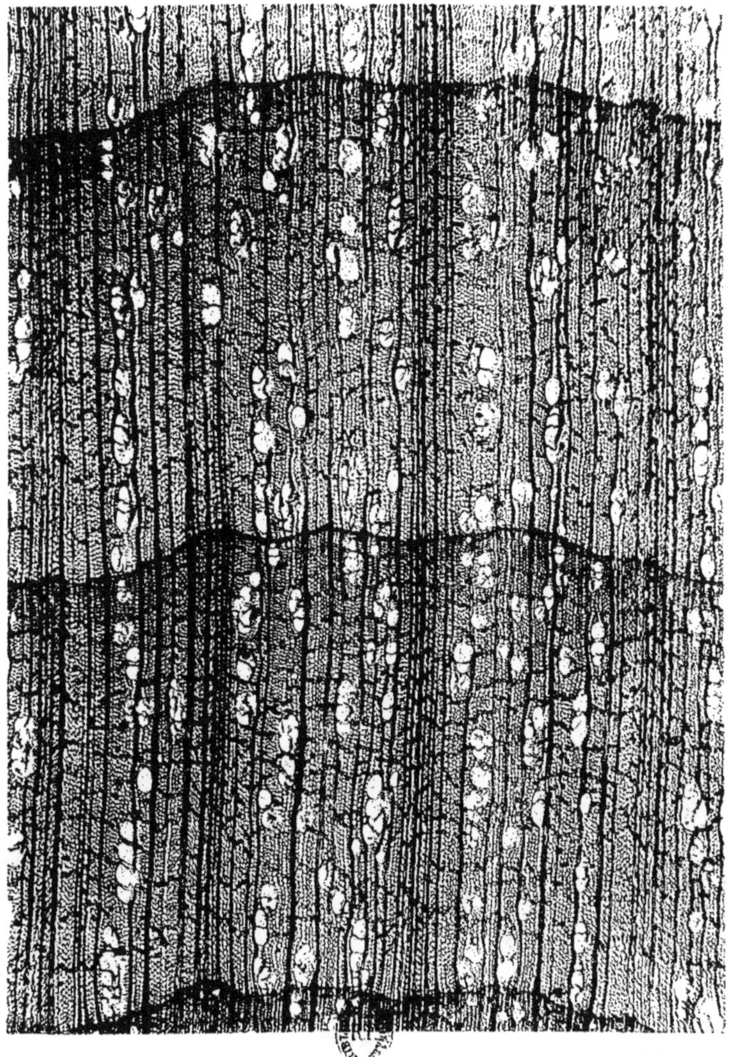

Charme commun

Section transversale (30 diamètres).

Phototypie Berthaud, Paris

SCIAGES DE CONIFÈRES.

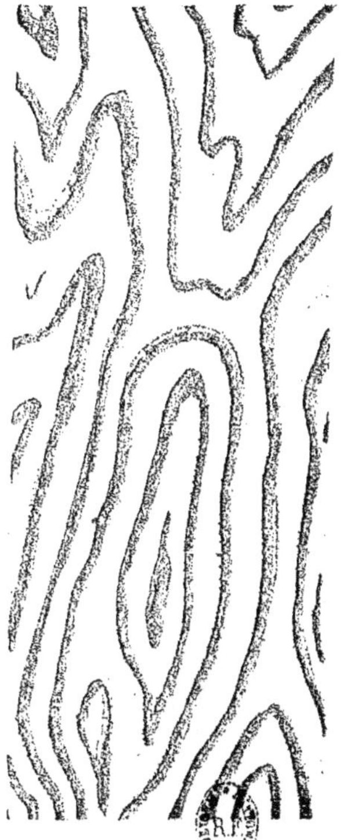

Veines du sapin
débité par des traits tangentiels
aux accroissements.

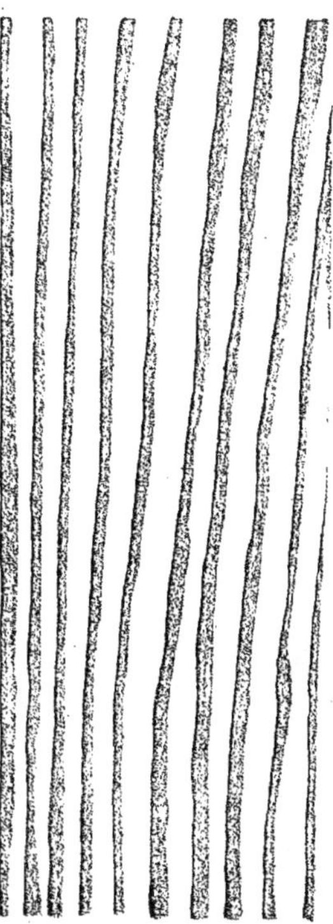

Veines du sapin
débité sur maille.

SCIAGES DE CHÊNE.

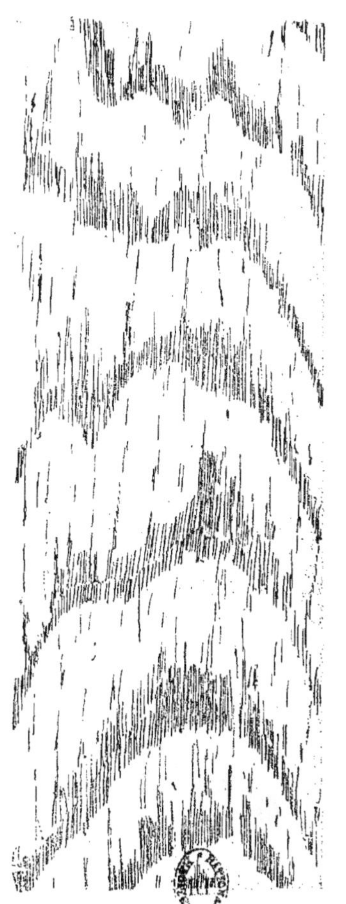

CHÊNE.

Débit tangentiel aux accroissements.
(Grandeur nature.)

Débit radial dit *sur maille.*
(Grandeur nature.)

AUBIER ET BOIS PARFAIT.

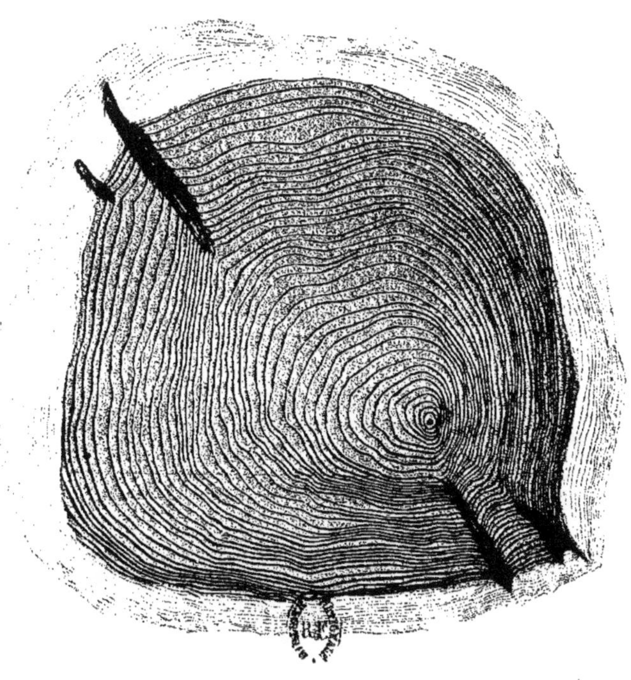

IF COMMUN
Section transversale.
(Grandeur naturelle.)

MARCHE DES LIQUIDES PENDANT L'INJECTION.

Arrivée de la dissolution.

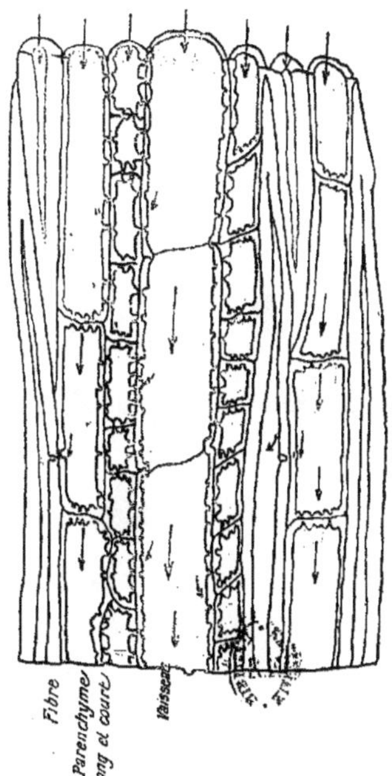

INJECTION DES BOIS FEUILLUS.

Arrivée de la dissolution.

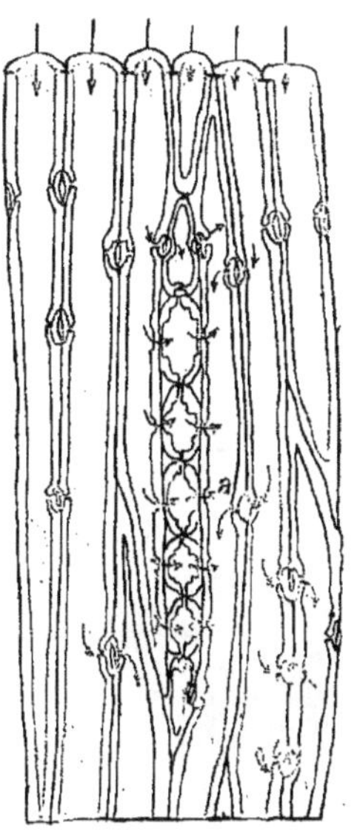

INJECTION DES BOIS RÉSINEUX.

ANALYSE CHIMIQUE DU BOIS.

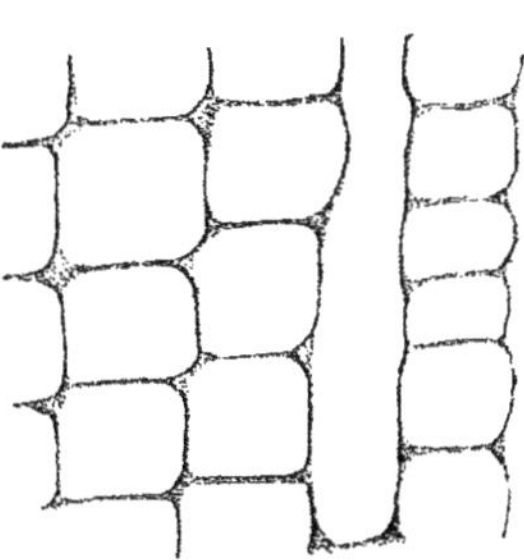

PIN
immergé dans l'acide azotique.

Brun, matière intercellulaire. — Jaune clair, membrane cellulaire primaire.
Jaune plus foncé, épaississement de cette membrane gonflé par l'acide.

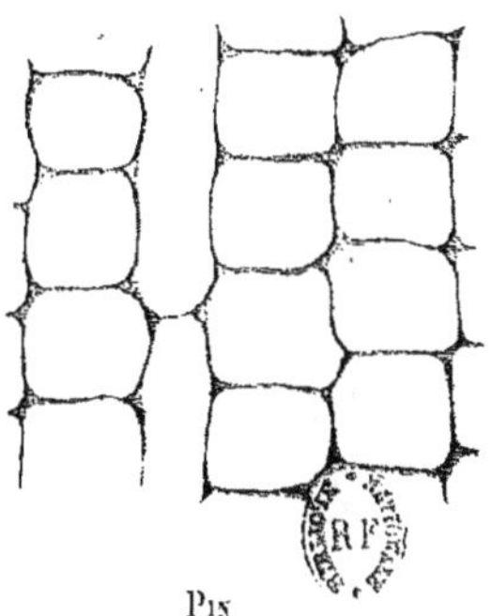

PIN
immergé dans l'acide sulfurique.

La matière cellulaire subsiste seule.

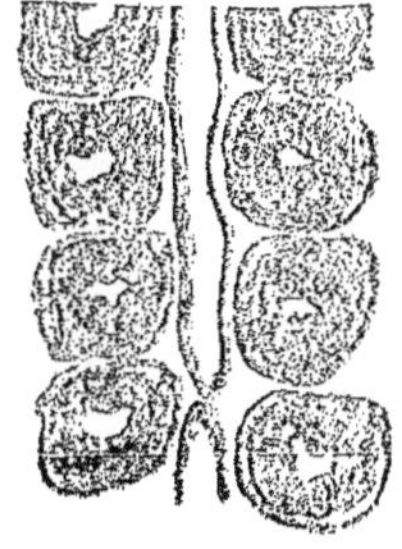

PIN
immergé dans la dissolution de chlorate de potasse dans l'acide azotique.

La matière cellulaire est dissoute,
il ne reste que les parois gonflées des cellules.

ANALYSE MICROCHIMIQUE DU BOIS

PAR LE VERT DE MÉTHYLE ET L'ACIDE PICRIQUE.

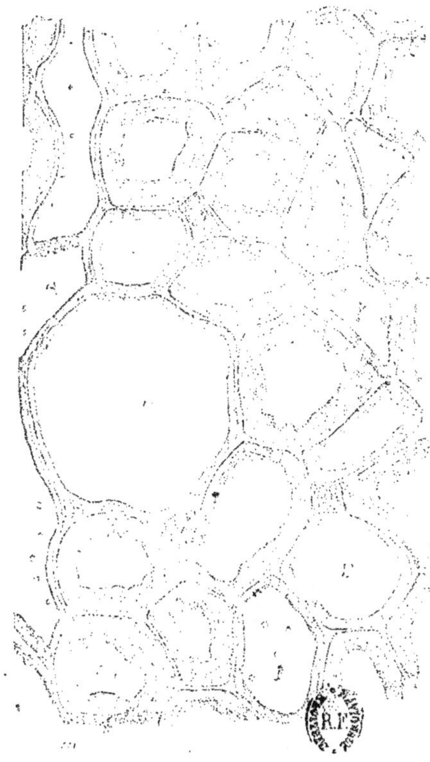

CHÊNE PÉDONCULÉ, bois d'automne.

(600 diamètres environ.)

m, matière intercellulaire. — *p*, paroi. — *p'*, limite des épaississements. — *f*, fibres. — *r*, rayons médullaires. — *v*, vaisseaux. — P, parenchyme.

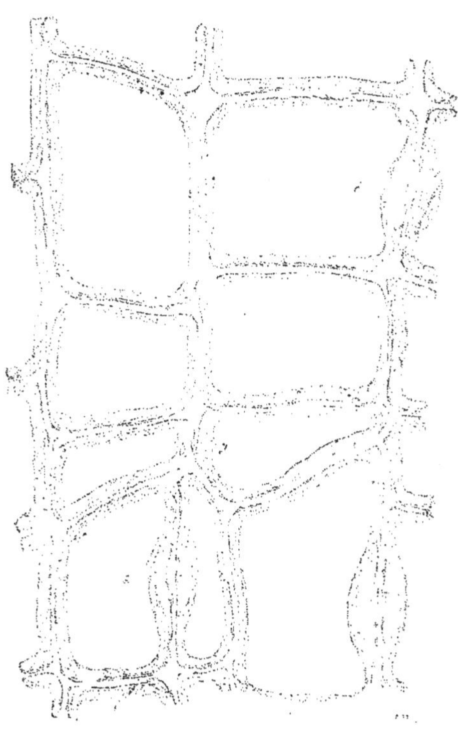

PIN CEMBRO, bois de printemps.

(600 diamètres environ.)

m, matière intercellulaire. — *p*, paroi. — *p'*, limites des épaississements. — *a*, ponctuations aréolées.

ANALYSE MICROCHIMIQUE DU BOIS

PAR LE CHLOROIODURE DE ZINC IODÉ.

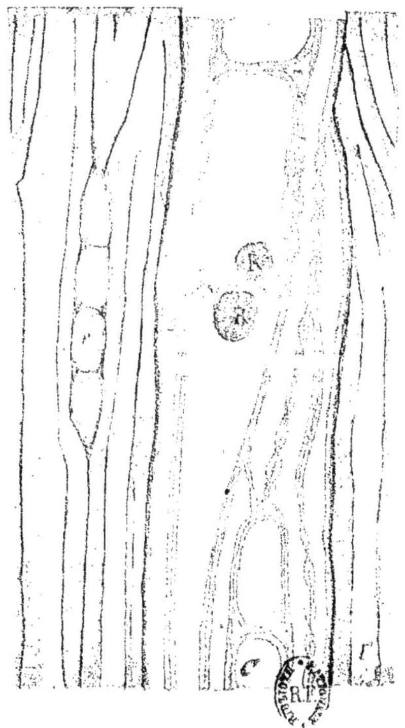

PIN CEMBRO.

(Section tangentielle, 300 diamètres.)

C, canal résinifère (violet). — R, gouttelettes de résine (brun). — M, rayons médullaires (violet). — F, fibres (jaune brun). — F', fibres avec dernier épaississement teintées en violet. — I, matières intercellulaires (brun jaune). — *m*, méat intercellulaire.

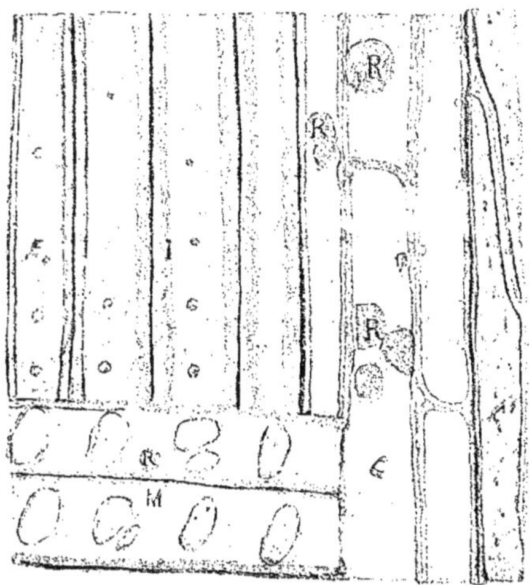

PIN LARICIO DE CORSE.

(300 diamètres.)

C, canal résinifère (violet). — R, gouttelettes de résine (brun). — M, rayons médullaires dont les ponctuations sont seules colorées en violet. — F, fibres avec le fond des aréoles coloré en violet. — I, matières intercellulaires. — C, partie du rayon non coloré en violet.

www.ingramcontent.com/pod-product-compliance
Lightning Source LLC
Chambersburg PA
CBHW071655200326
41519CB00012BA/2513
9782014483130